Oberarzt Dr. med. Robert Stapf,
dem exzellenten Operateur,
und Kevin E. Kandt,
meinem guten Freund und treuen Helfer,
in Dankbarkeit gewidmet

Gerd-Helge Vogel

BOTANIKER, KÜNSTLER UND MODELLE DES WISSENS

Botanische Illustrationen in Vergangenheit und Gegenwart

DONATUS

Bibliografische Information der Deutschen Nationalbibliothek:
Die Deutsche Nationalbibliothek verzeichnet diese Publikation in der Deutschen Nationalbibliografie; detaillierte bibliografische Daten sind im Internet über www.dnb.de abrufbar.

Impressum

Umschlag: spitzenton.design
Titelbild: Nicolas Robert (1614–1685): Sonenblume (Helianthus annuus L.), Paris, um 1650; vgl. S. 94, Abb. 5
Verlag: DONATUS VERLAG, Niederjahna
Herstellung: Books on demand, BOD Norderstedt
ISBN: 978-3-946710-35-6

Inhaltsverzeichnis

Abb. 1: Porträtbüste des Theophrastos von Eresos, Rom, Villa Albani

Von der zweiten Dimension bis zur vierten Dimension: Modelle in der Botanik von den Anfängen bis zur Gegenwart. Ein Überblick

Einleitung

Überschaut man die Geschichte der Botanik als Wissenschaft von ihren Anfängen in der Antike bei Theophrastos (*371 v. Chr., †285 v. Chr.) (Abb. 1) bis hin zur Zeit des Ersten Weltkriegs, als mit dem gewaltsamen Einzug moderner Mess- und Untersuchungsinstrumente eine neue Epoche in der Phytologie anhob, die deren Aufsplitterung in fast unüberschaubar gewordene Spezialdisziplinen einleitete[1], so besaß über den gesamten Zeitraum hinweg das Experiment als bedeutende empirische Methode die höchste Priorität für den wissenschaftlichen Erkenntnisgewinn. Ungeachtet dieses Spezialfalls innerhalb der botanischen Modelle, der in unserem Rahmen der Modellbetrachtung nur als Sonderfall am Rande gestreift werden kann, spielten auch andere Modellformen sowohl als Werkzeuge zur problemlosen Beobachtung des Untersuchungsgegenstandes – unabhängigen von den Wachstumsperioden – in Gestalt des „**natürlichen Modells**“[2] eine vergleichsweise große Rolle, gleichwie jene, die sich in Form „**didaktischer Modelle**“[3] als Instrumente zur Vermittlung botanischen Wissens über Entwicklungszusammenhänge und pflanzliche Lebensprozesse verstehen und vor allem in der Lehre zum Einsatz kommen. Demgegenüber gewann das **Modell als Hilfsmittel der Forschung,** um die in der Natur ablaufenden komplexen biologischen Prozesse besser ergründen, erklären oder prognostizieren zu können[4], erst seit der Epoche der Aufklärung einen größeren Stellenwert für die Erkundung pflanzlichen Lebens. Sie ermöglichen schnellere und größere Fortschritte beim Erkenntniszuwachs in der sich nun zur eigenständigen Wissenschaftsdisziplin emanzipierenden Botanik, die zugleich mit fortschreitendem Wissenszuwachs begann, sich in immer mehr Spezialdisziplinen aufzufächern.

---

1 Vgl. MÄGDEFRAU 1992, S. 3.
2 Vgl. GROTZ 2015, S. 92-105.
3 Vgl. GROTZ 2015, S. 106-123.
4 Vgl. GROTZ 2015, S. 124-139.

Die im Verlauf der Botanik-Geschichte benutzten Modelle spiegeln die Vielfalt des pflanzlichen Lebens in all seinen Facetten wider. Sie erweisen sich als ähnlich variantenreich wie die Probleme, die mit ihrer Hilfe gelöst werden sollen, und sie stehen natürlich im engen Zusammenhang mit den allgemeinen Methoden des wissenschaftlichen Illustrierens, wie sie ähnlich auch in anderen Naturwissenschaften zum Einsatz gelangen: die **Beobachtung** zum Erkennen, Fixieren und Demonstrieren der Sachverhalte[5], die **Induktion** zur Offenlegung der Zusammenhänge von Erscheinung, Beziehung und Ordnung sowie zur Hypothesenbildung[6], die **Methodenreflexion** für das Experimentieren und den Versuchsaufbau zur Beweisführung[7], die **Selbstveranschaulichung** zur schlussfolgernden Ursachenbestimmung und **Erscheinungsfixierung**[8], die **Klassifikation** zur systematisierenden Ordnung und Nomenklatur[9] und die **Begriffsbildung** zur Theoriebildung und erinnerungsfähigen Vorstellungsaneignung.[10] All diese Methoden fanden in den botanischen Disziplinen Anwendungen und führten zu differenzierten Arten von Modellen als Wissensbildern, deren gestalterische Strukturen – je nach Verfügbarkeit technischer Voraussetzungen – von der Zweidimensionalität der Modellzeichnung, über die Dreidimensionalität des plastischen Modells bis hin zur Vierdimensionalität einer Sichtbarmachung von Prozessverläufen, die im Zeitraffer Wandlungen verdeutlichen helfen, reichen. Während uns die Fixierung der Zeit erst seit der Entwicklung moderner Medien in der Modellbildung begegnet, finden sich zwei- und dreidimensionale Modelle in unterschiedlichsten Formen der botanischen Wissenschaften bereits seit deren Anfängen. Anhand der für jede Zeitepoche typischen Hauptfragen der Phytologie sollen nachfolgend die zur Klärung der epochenspezifischen Probleme der botanischen Wissenschaft benutzten Modelle im Kontext ihrer wissenschaftlichen Erklärungsmuster mit den für sie charakteristischen Eigenschaften, Ansprüchen, Funktionsweisen und Bedeutungen vorgestellt werden.

5 Vgl. ROBIN 1992, S. 20-49.
6 Vgl. ROBIN 1992, S. 50-77.
7 Vgl. ROBIN 1992, S. 78-125.
8 Vgl. ROBIN 1992, S. 126-145.
9 Vgl. ROBIN 1992, S. 126-145.
10 Vgl. ROBIN 1992, S. 180-227.

Pflanzenikonographie: Von der Antike bis zur Aufklärung.

Beschreibung und Systematisierung der Artenvielfalt in der Pflanzenwelt als voraussetzende Aufgabe botanischen Erkenntnisgewinns

Wissenschaft beginnt mit Beobachten, Erkennen und Sortieren, um sich im Chaos vielfältiger botanischer Erscheinungen überblicksartig zurechtzufinden zu können, als unabdingbare Voraussetzung, den Forschungsgegenstand von ähnlichen Erscheinungen innerhalb der Biodiversität unzähliger Arten abzugrenzen und mit Hilfe der Objektbeschreibung bzw. Objektdiagnose sowie der eindeutigen Namensgebung wiederauffindbar bestimmen zu können. Aus diesem Grunde steht am Beginn der botanischen Forschungen zunächst die Klärung taxonomischer und systematisierender Fragestellungen. Entsprechend sind die Anfänge der Botanik in ihrer zunächst auf medizinische Nutzfunktion angelegten Orientierung des Erkenntnisgewinns auf die eindeutige Bestimmung einer Pflanzenart und deren Einordnung in ein praktikables Übersichtssystem gerichtet, um mit der wiedererkennbaren Pflanzenart beobachtete Heilerfolge in der Medizin zur Anwendung bringen zu können. Daher standen in der Phytologie von der Antike bis ins 18. Jahrhundert Taxonomie und Systematik im Vordergrund des botanischen Interesses und führten in Begleitung des Forschungs-, Lehr- und Lernprozesses zum bis heute benutzten **Habitusmodell als Referenzbild für die in der Natur gemachte Beobachtung**. Es steht uns sowohl als zweidimensionale Zeichnung, Druck usw. als auch als dreidimensionales Objekt in Gestalt einer Abformung, Nachbau, lebender oder konservierter Pflanze und in anderen Mitteln zur optischen Wiedererkennung, Fixierung und Lehrdemonstration der botanischen Bestimmungsobjekte zur Verfügung. Gleichzeitig bieten die Habitusmodelle in der Summe der gesammelten Arten die Voraussetzung zur **Klassifikation** dieser Gewächse nach Arten, Unterarten, Familien, Gattungen usw., um Verwandtschaftsbe-

Abb. 2: Schlafmohn (Papaver somniferum L.), aus der Handschrift von Dioskurides „De materia medica" nach dem Wiener Codex Aniciae Julianae, vor 512

Abb. 3: Antonia ovata Pohl. Von J. E. Pohl auf seiner Brasilienreise in der Provinz Rio de Janeiro gesammeltes Herbarmaterial

ziehungen unter ihnen klären zu können. Bereits das vom griechischen Militärarzt in römischen Diensten stehenden Dioskurides (1. Jhdt. n. Chr.) (Abb. 4) verfasste botanische Sammelwerk *De materia medica*, das uns als älteste Abschrift im Wiener *Codex Aniciae Julianae* aus dem frühen 6. Jh. n. Chr. begegnet[11], erfüllte mit seinen ca. 580 vorwiegend naturgetreuen Abbildungen (Abb. 2), seinen sorgfältigen Pflanzenbeschreibungen und seinen in synonymen Pflanzennamen in Griechisch, Arabisch, Persisch, Türkisch und Hebräisch diesen Zweck eines „**hortus pictus**" (gemalten Gartens), der sowohl der Artenbestimmung als auch der Systematisierung der Pflanzenwelt dient. In seiner formalen Grundstruktur gleichen die in naturgetreuer Pflanzenmorphologie und -farbgebung auf Pergament gezeichneten Habitusbilder den diese Gewächse repräsentierenden Herbarblättern (Abb. 3), die gleichfalls die gesamte Pflanze – nur in getrockneter und gepresster Form, doch ohne ihre ursprüngliche Farbgebung in einer **Selbstveranschaulichung** von der Wurzel über den/die Stängel, Zweige, Blätter, Blüten, Früchte und Samen – als **dokumentari-**

11 Vgl. MÄGDEFRAU 1992, S. 10-11; - LACK 2001, S. 22-31.

Abb. 4: Autorenbild des griechischen Arztes Pedanios Dioskurides aus der mittelalterlichen Handschrift Medicina antiqua, Wien, ca. 1250

Abb. 5: Nicolas Robert (1614–1685): Sonnenblume (Helianthus annuus L.), Paris, um 1650, Rötelstift auf Papier

Abb. 6: C. B.: Silberdistel (Carlina acaulis), ursprüngliche Bezeichnung: Grande Carline. Carlina, acantos magno flore, purpureo, Paris, ca. 1670

sches Pflanzenbild vorstellen, um damit den Prototypus der betreffenden Art eindeutig zu bestimmen.[12] Zweifellos dienten die fragilen, getrockneten Pflanzenherbarien in ihrer Funktion eines „**hortus siccus**" (getrockneter Garten) als primäre Dokumentationsmittel der Botanik. Sie bilden einen zweidimensionalen Ersatz für einen aufwändig zu unterhaltenden dreidimensionalen lebenden Pflanzgarten („**hortus vivus**"), der – unabhängig vom Klima, Wetter, Jahreszeit usw. – dem botanischen Forscher das erforderliche Pflanzenmaterial kosten- und zeitgünstiger zur Verfügung stellt.

Vergleicht man nun die Qualität der zweidimensionalen Pflanzenmodelle, die uns im Laufe der Botanik-Geschichte in unterschiedlichen Herstellungs-

12 Vgl. NISSEN 1951, S. 5-7. Zwar haben sich keine Herbarien aus der Antike erhalten, doch kann davon ausgegangen werden, dass bereits Theophrast, der nachweislich schon einen Pflanzgarten angelegt hatte (vgl. MÄGDEFRAU 1992, S. 7), ebenfalls getrocknetes Pflanzenmaterial für seine botanischen Studien nutzte, obgleich die mit dem Renaissancehumanismus sich durchsetzende Methode strikter Naturbefragung erst nach 1530 zunächst in Italien, bald aber auch in Mittel- und Nordeuropa, zur Gründung von Botanischen Gärten (z. B. Padua 1545) als auch zur methodischen Sammlung gepresster und getrockneter Pflanzen (z.B. durch Petroselini und Michele Merini (um 1530/40) führte. Vgl. NISSEN 1951, S. 244.

verfahren und Medien entgegentreten, dann erkennen wir leicht auch deren spezifische Merkmale, die, in ihrer praktischen Umsetzung als Zeichnung (Abb. 5), Aquarell (Abb. 6), Ölbild (Abb. 7), Holzschnitt (Abb. 8), Kupferstich (Abb. 9), Selbstdruck (Abb. 10), Lithographie (Abb. 11) und in anderen Druckverfahren - später kommen noch die Fotographie (Abb. 12) und neuerdings auch die in digitalen Verfahren erstellten Pflanzenbilder (Abb. 13) hinzu - in mehr oder minder vollkommener Weise die Bedürfnisse der botanischen Wissenschaft erfüllen.

Abb. 7: Bartolomeo Bimbi (1648–1730): Girasole gigante, (Sonnenblume in gefüllter Sorte (Helianthus annuus L.), Öl auf Holz, 1721

Einen Quantensprung an Qualitätsgewinn stellt der Vergleich zwischen den zweidimensionalen Habitusmodellen der spätmittelalterlichen Illustrationen aus der Inkunabelzeit der botanischen Literatur[13] und den Kräuterbüchern der Väter der Botanik dar, die sich nicht allein im Bild, sondern auch im botanischen Text durch einen enormen Zuwachs an wissenschaftlicher Exaktheit auszeichnen. So beruhen die Habitusbilder in den Ausgaben des *Buchs der Natur* von Konrad von Megenberg (1309–1374)[14] (Abb. 14), des *Gart der Gesundheit* von Johannes von Cuba (um 1430–1503/04)[15] (Abb. 15) oder der Handschriften des Gesundheitsbuchs *Tacinum Sanitatis* (Abb. 16), die in den 1460er und 1470er Jahren unter dem Patronat eines im Veneto wirkenden Humanistenkreises entstandenen waren, lediglich auf dem **reflektorischen Abbild simpler Beobachtung,** die sich im Interesse leichter Einprägsamkeit der Pflanzenanatomie durch ein äußerstes Maß an Abstraktion von signethafter Knappheit

13 Vgl. LACK 1987, S. 16-31; - STIFTUNG SCHLOSS MOYLAND 2004.

14 Vgl. EFFINGER/ZIMMERMANN 2009, S. 11-21.

15 Vgl. UNIVERSITÄTSBIBLIOTHEK JOHANN CHRISTIAN SENCKENBERG/ MUSEUM GIERSCH 2009, S. 32-33; - EFFINGER/ZIMMERMANN 2009, S. 50-51, 147 (Farbtafel 3).

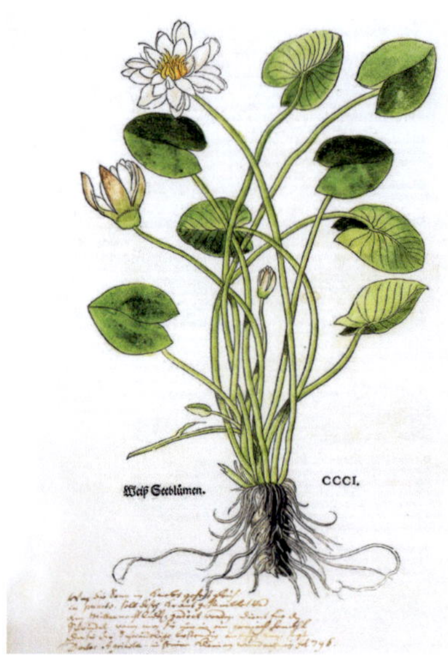

Abb. 8: Veit Rudolf Speckle nach Heinrich Füllmaurer oder Albrecht Meyer: Weiße Seerose (Nymphea alba), kolorierter Holzschnitt, 1543

Abb. 9: Friedrich Guimpel (1774–1839): Echter Feigenbaum (Ficus carica), kolorierter Kupferstich, 1825

Abb. 10: David Heinrich Hoppe (1760–1846): Schwarzer Holunder, (Sambucus nigra)

Abb. 11: Lilian Snelling (1879–?): Blauer Mohn aus Tibet (Meconopsis betonicifolia), Farblithographie

Abb. 12: Sonnenblume (Helianthus annuus L.), Foto 2019

auszeichnen. Demgegenüber erweisen sich die für Otto Brunfels (1488–1534) (Abb. 17) geschaffenen Holzschnitte (Abb. 18) zum *Herbarium vivae eicones* mit ihren die gesamte Pflanze samt Wurzeln, Stängel, Blätter, Blüten und Früchte darstellenden Habitusbildern als ausgezeichnete botanische Wissensbilder für die eindeutige Pflanzenbestimmung, denen präzise **analytische Naturbeobachtungen** zugrunde liegen, wie es die von Hans Weiditz (*vor 1500, †nach 1536) gefertigten aquarellierten Vorzeichnungen (Abb. 19) deutlich erkennen lassen. Sie bilden die Vorlagen für die drucktechnische Umsetzung, bei der sie zu einem idealtypischen Gewächs der betreffenden Art abstrahiert wurden, damit sie als allgemeingültige Pflanzenmodelle und nicht als dokumen-

Abb. 13: Niki Simpson: Rotbuche, (Fagus sylvatica), vor 2007, digital erstelltes Habitusbild

tarisches Abbild des vorliegenden Pflanzenindividuums genutzt werden konnten.

Unverzichtbar für die botanische Forschung und Lehre ist die Beschäftigung mit der lebenden Pflanze selbst, die zur leichteren Verfügbarkeit nun unter künstlichen Bedingungen des Gartens und/ oder Gewächshauses als unmittelbares **Modell der Selbstveranschaulichung** in Botanischen Gärten (Horti botanici) und Medizinischen Gärten (Horti medici) vor allem an den Universitäten[16], aber auch von privaten Pflanzensammlern[17] und Fürsten[18], zur Verfügung gestellt wurden. Erste Anlagen dieser **dreidimensionalen Form** eines gleichermaßen natürlichen, wie **didaktischen** als auch **Forschungsmodells**[19] entstanden im Laufe des 16. Jahrhunderts

16 Vgl. NISSEN 1951, S. 243-244; - LACK/ LACK 1985, S. 11-13.

17 Vgl. GESSNER 1561. Gessner bietet in dieser Schrift eine Übersicht über die privaten botanischen Gärten Deutschlands, der Schweiz, Italiens und Frankreichs, über die er Informationen hatte zusammentragen können. Siehe auch: LEU 2016, S. 258-263. Gessner selbst legte zu seinen Lebzeiten zwei botanische Gärten in Zürich an. Seinerzeit bedeutende private botanische Gärten wurden u. a. von Leonhart Fuchs (1501–1566) (Abb. 77) am Nonnenhaus in Tübingen und vom Arzt, Botaniker und Naturforscher Joachim Camerarius d. J. (1534–1598) (Abb. 21) in Nürnberg angelegt.

18 Z. B. der Hortus Eystettensis, den Johann Conrad von Gemmingen, der Fürstbischof von Eichstädt, in den Gartenanlagen seiner Residenz Schloss Willibaldsburg hatte anlegen lassen. Vgl. BESLER 2007.

19 Vgl. Dirk Krüger: Modelle Pflanzen Wissen! in: GROTZKE 2015, S.82-85.

Abb. 14: Konrad von Megenberg: Buch von den natürlichen Dingen. Augsburg 1482, Eingangsholzschnitt zum Kapitel Kräuter

Ackelay

Das clxii Capitel

Gilops vel egilopa grece arabice kusit vl' klausir vl' dolata ¶ Diascorides spricht das ackelay sei ain kraut vnd hab bleter geleich dem weiß sund das die ackelayen bleter waicher sind/vnd oben hat es heubter darin der same wachßt/ vn̄ vmbzogē mit heubelin./ ¶ Galienus in dem vj. bůch simplicium farmacorꝝ in dem capitel egilops spricht dz sein geruch sei gar scharpff/vnd sein tugent ist auch durchtringen vn̄ verzeren die herten geschwere/vn̄ ist auch fast gůt für die fisteln an welichen enden sie sein mügen am leib das kraut gestossen vnnd den safft darein gelassen. ¶ Item wilt du hailen den bösen grinde an dem leib behendiklich so nym ackelay vnd waiczen mele vnd misch die vnder ainandere mit weistain öle vnd streich domit die haut an dem leib der grinde hailet douō zehand

Ysen oder ebich

Das clxiii Capitel

Dera arborea latie. grece scissos ¶ Die maister sprechen dz edera darum̄ also gehaissen werde vrsachen halber/ das die gaiß od̄ die iungen schäflin das kraut geren essen daruon edera sein namen hat ab ebdondo Auch sprechen sie das edera darum̄ haiß sei wan̄ es gibt dē gaissē die es essen vil milch ¶ Edera hat lang öste vnnd henckt sich an wo

Abb. 15: Johannes von Cuba: Gart der Gesundheit (Hortus sanitatis), Ulm, 1487

Abb. 16: Viole/Veilchen (Viola), Aquarell auf Pergament, aus: Tracinum Sanitatis, Liechtenstein Codex

zunächst in Oberitalien – so in Pisa (1543–1544)[20], Padua (1545) (Abb. 20), Florenz (1545), Rom (1555), Bologna (1567), bald aber auch nördlich der Alpen wie in Leiden (1577), Leipzig (1580), Jena (1586), Montpellier (1593), Heidelberg (1597), Gießen (1609) und Freiburg (1620). In erster Linie fungierten diese Gärten bis ins

20 Cosimo I. de Medici ließ an der Universität Pisa den ersten botanischen Garten der Welt von dem Arzt und Apotheker Luca Ghini (1490–1556) anlegen. Da er bereits 1563 verlegt wurde und dann von 1591 bis 1596 nochmals seinen Standort wechselte, gilt heute der Botanische Garten von Padua (Orto die semplici) als der älteste, an seinem ursprünglichen Standort verbliebene botanische Garten.

Abb. 17: Hans Baldung Grien: Porträt Otto Brunfels, Holzschnitt, 1535

18. Jahrhundert vornehmlich noch als Heilpflanzengärten im Dienste der Medizin nach dem Vorbild klösterlicher Kräutergärten des Mittelalters.[21] Erst mit den erfolgreichen Pflanzenimporten und verbesserten Transportbedingungen gelangten zunehmend auch exotische Pflanzen in die botanischen Gärten und repräsentierten so neben der wachsenden Kenntnis der Biodiversität auch pflanzengeographische Kenntnisse. Grundsätzlich erweisen sich damit die botanischen Gärten bis zum heutigen Tag in ihrem hohen Anschauungswert als ideales Vermittlungswerkzeug zum Transport botanischer Wissensinhalte, die sowohl zur Veranschaulichung bekannter, geprüfter Sachverhalte als auch zur Entwicklung von Forschungshypothesen, mithin zur Entdeckung neuen Wissens, dienen können.[22] Letzteres zeigte sich in dem von Joachim Camerarius d. J. (1534–1598) (Abb. 21) etablierten botanischen Garten in Nürnberg, der als erster Pflanzgarten die damals gültige wissenschaftliche Ordnung reflektiert.[23] Vorher richteten sich derartige Anlagen – genau wie die allgemeinen Ziergärten – nach den Gestaltungsprinzipien der zeitgenössischen Gartenkunst, wo dekorative und symbolische Akzente im Vordergrund standen. Besonders schön ist dies beim Botanischen Garten in Padua zu erkennen, der mit seinen geometrischen Beetformen zur Aufnahme aller damals bekannten Heilpflanzen die Gestaltungskriterien des Renaissancegartens übernahm (Abb. 20). Entsprechend umschließt hier der von einer Mauer umgebene kreisförmige Grundriss ein großes Quadrat, das in vier kleinere Quadrate unterteilt ist, um schließlich mit der Orientierung auf die vier Himmelsrichtungen zugleich auch eine kosmologische Ordnung mit abzubilden.[24]

21 Vgl. MÄGDEFRAU 1992, S. 86.

22 Vgl. GROTZ 2015, S. 170-171.

23 Vgl. NISSEN 1951, S. 56; - MÄGDEFRAU 1992, S. 39.

24 Vgl. VISENTINI 1995.

Abb. 18: De violis rhapsodia/Veilchen (Viola), aus: Otto Brunfels: Herbarium viviae eicones. Straßburg, 1532

Abb. 19: Hans Weiditz (*vor 1500, †nach 1536): Gänseblümchen und Wilde Ochsenzunge, Aquarell, 1529

Später, mit dem Anwachsen der Anzahl der botanischen Gärten, steigerte sich die Anerkennung dieser Institutionen als hervorragendes Instrument zur Vermittlung botanischen Wissens in der wissenschaftlichen Lehre. Unter dem Einfluss Carl von Linnés (1707–1778) erfüllten sie neben der dokumentarischen Pflanzenikonographie zunehmend die Funktion zur Ordnung der Formenfülle. Sie dienten nunmehr als *„wissenschaftliche Institution“*[25] und Versuchsfeld botanischer Experimente sowie der Durchsetzung der neuen Pflanzensystematik auf der Basis

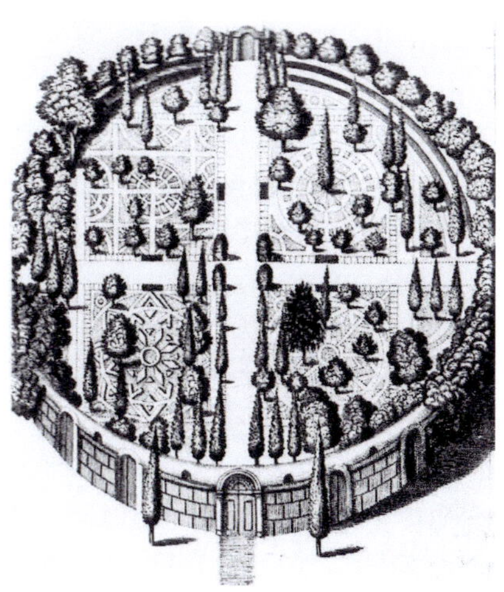

Abb. 20: J. Ph. Tomasini: Grundriss des Botanischen Gartens von Padua, Kupferstich

25 JAHN 2002, S. 306.

Abb. 21: Unbekannter Künstler: Joachim Camerarius der Jüngere, Kupferstich, vor 1598

einer binären Nomenklatur in der Taxonomie, die wiederum, wie Alexander von Humboldt (1769–1859) (Abb. 22) betonte, zur grundlegenden Voraussetzung für die weitere Spezialisierung der Phytologie in verschiedene neue Forschungsrichtungen wurde.[26] Seither wurden „*die Gewächse* [...] *ohne Rücksicht auf ihre praktische Verwendung in systematischer Anordnung, anfangs wie in Linnés eigenem Botanischen Garten in Uppsala* (Abb. 23), *nach dem Linnéschen »Sexualsystem«, später aber nach dem Natürlichen System an*[ge]*pflanzt*“[27]. Dabei gelangten wiederum die jeweils geltenden gartenkünstlerischen Gestaltungsprinzipien als Basis der tektonischen Formung zur Geltung und verdrängten allmählich die geometrischen Strukturen des Barockgartens durch jene des der Natur angenäherten Landschaftsgartens.

3-D-Modelle beschränkten sich in den Zeiten der Ausweitung der Pflanzenikonographie und der taxonomischen Klassifikation nicht allein auf die in den Pflanzgärten zur Verfügung stehenden Modell- bzw. Referenzpflanzen, sondern wurden im Zuge der Ausweitung und Spezialisierung botanischen Wissens bevorzugt auch in den sich herausbildenden Spezialdisziplinen der Phytologie zum Einsatz gebracht. Das trifft in erster Linie für die Pomologie, die Dendrologie und die Mykologie, aber auch für die Paläobotanik sowie weiterhin für die allgemeine Botanik zu. Vor allem jene Disziplinen, die sich vorzugsweise zunächst mit Fragen der ökonomischen Nutzung der von ihnen untersuchten Gewächse

26 Humboldt betonte die überragende Rolle der Taxonomie für die Herausformung und Entwicklung der botanischen Spezialdisziplinen Physiologie, Systematik, Pflanzengeographie, fossile Reihung, ökonomische Nutzung und agronomische Untersuchung, vgl. JAHN 2002, S. 306-307.

27 MÄGDEFRAU 1992, S. 86. So hatte Bernhard de Jussieu 1759 als erster die „Ordines naturales“ in der Pflanzung eines Gartens zugrunde gelegt, was A. Batsch 1795 in Jena übernahm. Seither bildet die „Systematische Abteilung“ den Grundstock eines nahezu jeden Universitätsgartens.

Abb. 22: Joseph Karl Stieler (1781–1858): Bildnis Alexander von Humboldt, Öl auf Leinwand, 1843

beschäftigten – die Obstbau-, Gehölz- und Pilzkunde – die aufgrund ihres intensiven Bezugs zum praktischen Leben neben den Botanikern ebenso große Kreise der Laien ansprachen, bedienten sich dreidimensionaler Modelle als wichtiges didaktisches Instrument der universitären Lehre wie der Volksaufklärung, weil sie eng

Abb. 23: Ansicht des Botanischen Gartens zu Uppsala, Kupferstich, 1770

mit den alltäglichen Sphären des praktischen Lebens großer Teile der Bevölkerung verknüpft waren. So halfen sie beispielsweise in der **Pilzkunde** (Mykologie) notwendige Kenntnisse von den essbaren und giftigen Pilzen zu verbreiteten und damit Vergiftungen zu verhüten.[28] Mithin steht in den 3-D-Habitat-Modellen der Pilzkunde der belehrende Aspekt im Vordergrund, egal aus welch unterschiedlichen Materialien sie gefertigt wurden: Die meist in Serien verschiedener Spezies oder als Reliefpaneele (Abb. 24) hergestellten Pilzmodelle reichen vom Gipsabguss, über bemaltes Holz, Porzellan, Terrakotta, Pappmaché, Wachs (Abb. 25)[29] bis hin zu Kunststoffen und zur Gefriertrocknung von geeigneten Pilzexemplaren (Abb. 26), die sich dann als Anschauungs- und Vergleichsmaterial im Zusammenhang mit umfangreichen Legenden gleichermaßen an Experten und Laien als Zielpublikum wenden und bis hinein in den Biologieunterricht an Volksschulen Verwendung finden.

Didaktischen Ansprüchen hatten auch die Xylotheken bzw. Holzbibliotheken oder Holz-Cabinette zu genügen (Abb. 27). In ihrer Modellfunktion dienen sie der praktischen Wissensvermittlung im Rahmen der **Gehölz- bzw. Baumkunde** (Dendrologie), wo nicht allein die Lehren über die Probleme des Anbaus und der Züchtung von Nutz- und Ziergehölzen eine Rolle spielen, sondern ebenso die Lehre über die verschiedenen Eigenschaften der Holzarten eine wichtige Voraussetzung für deren sinnvolle Nutzung im gewerblichen Bereich bilden. Neben Wissenschaftlern

28 Vgl. H. Walter Lack: Das Pilzkabinett des Dottore Valentini-Serini, in: GROTZKE 2015, S. 30-33.

29 Vgl. LACK 2001, S. 434-447, bes. S. 440-442.

Abb. 24: Francesco Valenti-Serini (1795–1862): Didaktisches Reliefpaneel mit Pilzmodellen

Abb. 25: Leopold Trattinnick (1764–1849) Zwei Morcheln (Morchella continua), Wachs, ca. 1830

bedienten sich vor allem Tischler, Kunsthandwerker, Bildschnitzer und Holzhändler dieser in **Selbstveranschaulichung** sich präsentierenden Modelle von Holzstücken mit Rindenbesatz, um mit Hilfe der dabei zu machenden Erkenntnisse Entscheidungen für deren ökonomische Verwendung treffen zu können. Diese 3-D-Modelle wurden oft um schriftliche und bildliche Erläuterungen sowie um *„getrocknete Blätter, Blüten, Wurzeln, Früchte, Samen, Zweigstücke"*[30] in den als aufklappbare Kästchen gearbeiteten Holzstücken ergänzt, so dass mit der Fülle an botanischen Informationen sowohl eindeutige Bestimmungen der Holzarten durch haptisches, optisches und olfaktorisches Begreifen möglich war, als auch eine Systematisierung der Baumarten erkennbar wurde. Dementsprechend boten derartige Xylotheken in ihrer komplexeren Sinnenwirkung gegenüber Druckwerken mit vergleichbaren wirtschaftsbotanischen Zielsetzungen, wie sie etwa die *Flora rossica* (Abb. 28) von Peter Simon Pallas (1741–1811) verfolgte, erhebliche Vorteile in der Wissensaneignung.

Wirtschaftsbotanische Aspekte stehen auch in der **Pomologie** – der Lehre vom Obst und dessen Sorten – im

Abb. 26: Satanspilz (Boletus satanas Lenz), Riesenfundexemplar, 2015

30 LACK 2001, S. 198.

Abb. 27: Johann Bartholomaeus Bellermann: Abbildungen zum Cabinett der vorzüglichsten in- und ausländischen Holzarten, Erfurt, 1788

Vordergrund. Abgesehen davon, dass in der Blütezeit der Obstzucht in Deutschland, im späten 18. und frühen 19. Jahrhundert, mehrere Tausende Sorten meist in lokaler, enger Beschränkung zur Verfügung standen, herrschte in deren pomologischen Taxonomie ein Chaos, da es einzelne Sorten gab, die oft mehr als zehn Namen trugen, was der Gefahr der leichten Verwechslung Tür und Tor öffnete. Diese ließ sich nur bedingt durch die seit Johann Hermann Knoop (1706–1769) (Abb. 29) begründete Obstbaukunde und der damit eng verbundenen massenhaften Herausgabe von Tafelwerken mit naturgetreuen Habitusabbildungen vorbeugen, da für die Feinbestimmung der Sorten der haptische Eindruck fehlte.[31]
Die kommerzielle Entwicklung naturgetreuer Replikate in unterschiedlichen Materialien bei jedoch originalgetreuer Farbgebung konnten hier mit den 3-D-Modellen der „*Obst-Kabinette*“[32] (Abb. 30) Abhilfe schaffen und damit garantieren, dass sich mit der richtigen Sortenwahl für die jeweilige geographische Region optimale Zucht- und Markterfolge erzielen ließen. Um diese Kenntnisse nun bei den an den Landwirtschaftsakademien heranzubildenden Obstgärtnern zu gewährleisten, fanden derartige „*Obst-Kabinette*“ schnell Eingang in den pomologischen Unterricht.[33] Sie wurden auf

31 J. H. Knoops zweibändiges Werk „Pomologia“ von 1760/66) versteht sich mit seinen großformatigen Tafeln zur Sortenbestimmung von Äpfeln und Birnen als das Pionierwerk der Obstbaukunde, dem seither ungezählte Publikationen mit gleicher Zielsetzung bis zum heutigen Tag folgten.

32 Vgl. Enrico Baldini: Wachsmodelle von Zitrusfrüchten am Hofe von Peter Leopold, Großherzog der Toskana, in: SCHIRAREND/HEILMEYER 1996, S. 61-63; - LECHTREK 2003; - DAHLENBURG 2011, S. 18-19; - NIEDERSÄCHSISCHES LANDESMUSEUM HANNOVER 2012; - Martin Schnittler, Susanne Starke: Botanische Modelle in der Lehre – können Sie uns heute noch etwas bieten, in: GROTZ 2015, S. 10-20, 66-67, 93.

33 VOGEL 2016, S. 36-38.

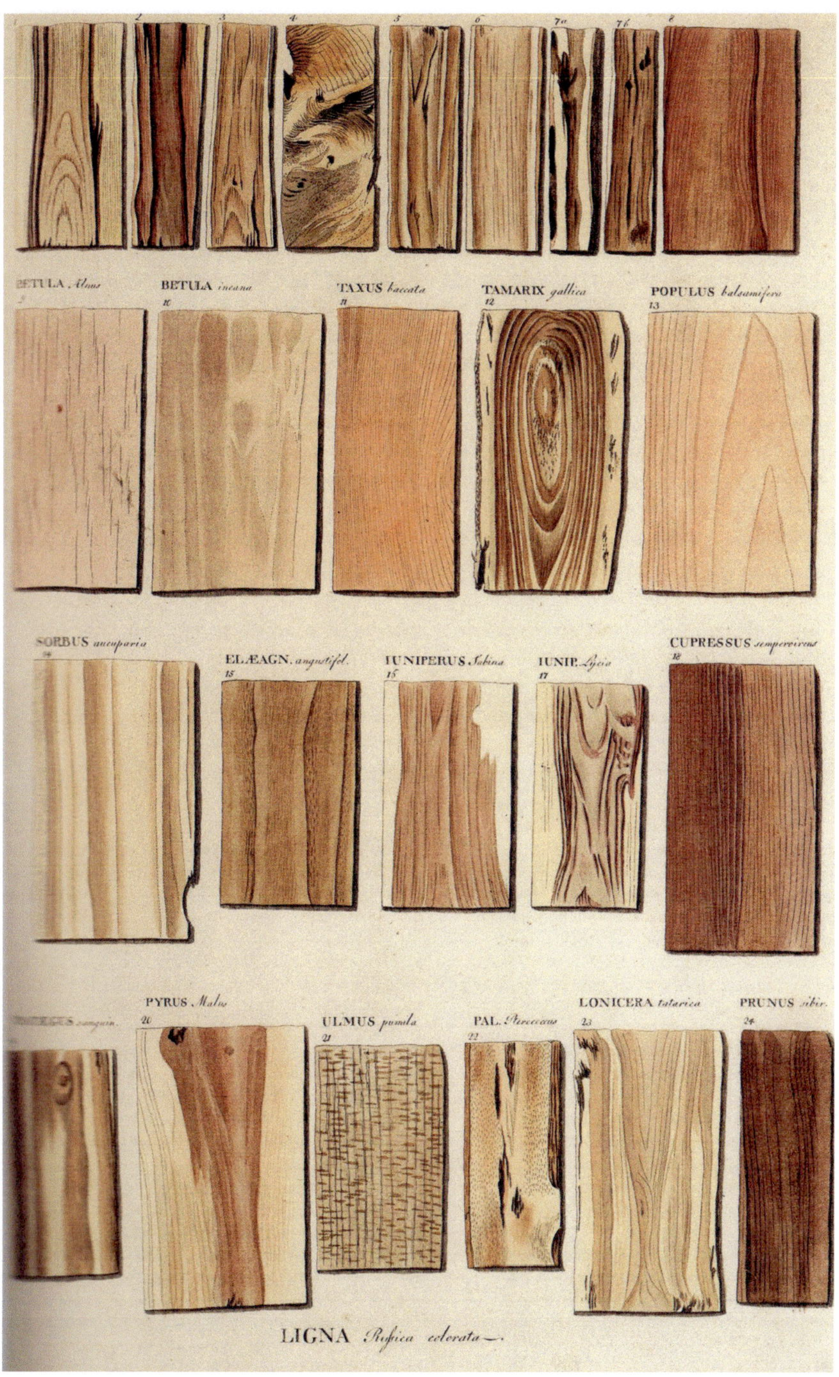

Abb. 28: Peter Simon Pallas (1741–1811): Ligna Rufica colorata

Abb. 29: Kirschsorten, Kupferstich, Leeuwarden 1763

Grund ihrer verblüffenden Naturtreue im 18. und 19. Jahrhundert aber auch aus Gründen ihres hohen ästhetischen Schauwertes gefertigt und erfüllten damit neben didaktischen ebenso repräsentative Zwecke.[34]

34 Vgl. LECHTREK 2003, S. 299-316.

Abb. 30: Apfel-Modelle des Sickler'schen Obstcabinetts aus der Sammlung Hess

Artefakte der **Paläobotanik** (Abb. 31)[35], die als Fossilien aus den verschiedenen Erdzeitaltern gefunden wurden, fungieren in ihrer **selbstveranschaulichenden Funktion** ebenfalls als 3-D-Modelle. Im Gegensatz zu den auf didaktische Wissensvermittlung gerichteten Beispielen aus der Mykologie, Dendrologie und Pomologie ermöglichen sie der **Forschung** überhaupt erst die Bestimmung der Pflanzenspezies, und sie boten zugleich auch die Grundlagen zur **Hypothesenbildung** für Szenarien **paläobotanischer Habitatbilder**, wie sie neuerdings sogar mit interaktiven Funktionen ausgestattet zur Veranschaulichung des Lebens in der Urzeit im **4-D-Format** als Digitalisate erstellt werden (Abb. 32).

3-D-Modelle begegnen uns selbstverständlich auch als Präparate der Selbstveranschaulichung bzw. als replizierte Nachbauten in der allgemeinen Botanik, wo sie neben Darstellungen in Originalgröße ebenso in maßstäblichen **Vergrößerungen** oder **Verkleinerungen** zum Einsatz gelangen und überwiegend als Demonstrations- und Erklärungsmodelle zur Vermittlung diverser

35 Das Chemnitzer Naturkundemuseum verfügt über eine hervorragende paläobotanische Sammlung fossiler Baumfunde aus der Zeit des Perm (291 Millionen Jahre vor Chr.), als aufgrund eines Ausbruchs des Zeisigwald-Vulkans durch Fossilisation der „steinerne Wald" von Chemnitz entstand.

Abb. 31: Der versteinerte Wald aus dem Perm im Naturkundemuseum Chemnitz (Postkarte)

Abb. 32:` Stephanie Stutz: Expedition Perm. Digitale Habitatanimation eines Perm-Waldes, 2012

Abb. 34: Fäulnis bei der Köstlichen von Charneu, Arnoldi-Modell

Abb. 33: Chloroplast einer höheren Pflanze, ca. 60.000-fach vergrößert aus Somo-Plast

Abb. 35: Leopold und Rudolph Blaschka: Glasmodell der Seerose (Nymphea odorata), Glasmodell

Abb. 36: Zerlegbares Blütenmodell der Glockenblume (Campanula rotundifolia) im Maßstab 12:1, 1. H. 20. Jh., Papiermaché, bemalt

Abb. 37: Leopold Blaschka bei der Arbeit. Figurine

Abb. 38: Rudolf (stehend), Caroline und Leopold Blaschka im Garten ihrer Dresdner Wohnung. Foto

Lehrinhalte von der Pflanzenikonographie über die Systematik bis hin zur Morphologie, Physiologie, Histologie, **Cythologie** (Abb. 33), **Pflanzenpathologie** (Abb. 34) oder **Evolutionsbiologie** (Abb. 36) Verwendung finden, auf die wir noch zu sprechen kommen werden. Berühmt wurden vor allem die überaus lebensecht wirkenden botanischen Glasmodelle, die Vater und Sohn Leopold (1822–1895) (Abb. 38) und Rudolph Blaschka (1857–1839) (Abb. 37) seit 1887 bis 1936 ausschließlich für das Harvard Botanical Museum fertigten (Abb. 35).[36]

36 Vgl. Maria Heilmeyer: Früchte aus Wachs und Blumen aus Glas, in: GROTZK 2015, S. 10-21, bes. S. 12-15; - SELTZER 2004, S. 8-11; - Bis 1887 fertigten die Blaschkas bevorzugt Tiermodelle auch für andere Sammlungen an, vgl. HUBER 2014, S. 299-303.

Pflanzensystematik:
Ordnungssysteme in der Botanik und die binäre Nomenklatur als notwendige Voraussetzung zur Bestimmung der Artenvielfalt

Wie bereits im Abschnitt über die botanischen Gärten erwähnt, ist mit der Pflanzenikonographie die Disziplin der Pflanzensystematik eng verbunden, denn aufgrund der ungeheuer reichen Biodiversität, die das Reich der Pflanzen aufweist, waren von Anbeginn der botanischen Forschung auch die Berücksichtigung der Aspekte des Ordnens und Systematisierens der Funde notwendig. Ersichtlich wird dieser Umstand bereits in der Zusammenstellung von Kräutern im mittelalterlichen Kompendium des Konrad von Megenberg (Abb. 14), ungeachtet dass die dort zugrunde liegenden Klassifikationskriterien noch längst nicht den Anforderungen exakter Wissenschaftlichkeit genügten. Die Anfänge in der Systematik vollzogen sich langsam und mühsam und reichen zurück bis zu Aristoteles (Abb. 39), da die eindeutige Benennung der Pflanzen mit der Lösung dieses Problems eng verknüpft war.[37] So orientierte sich Andrea Cesalpino (1519–1603) (Abb. 40) noch am Habitus der Pflanzen als grundlegendem Auswahlkriterium, zieht aber auch den Bau und die Samenzahl der Früchte mit heran. Bei Joachim Jungius (1587–1657) (Abb. 41) und Nachfolgern treten morphologische Betrachtungen in den Vordergrund, sodass sie zugleich als Grundlage der Taxonomie in der Normierung der Pflanzenmerkmale und zu deren Beschreibung genutzt wurden. Carl von Linné (Abb. 42) entwickelte 1735 in seinem Werk *Systema naturae* und 1736 in *Fundamenta botanica* – auf der Basis einer klaren Terminologie für morphologische Begriffe und anhand des auf der Blütenmorphologie beruhendem Sexualsystems der Pflanzen – ein künstliches Ordnungssystems, das mit der binären Nomenklatur zur Bezeichnung von Gattung und Spezies den Durchbruch in der Taxonomie brachte, die bis heute Gültigkeit behielt, selbst wenn inzwischen Linnés künstliches System durch ein natürliches System ersetzt wurde, für dessen Fortentwicklung Augustin-Pyramus de Candolle (1778–1841) (Abb. 43, 44) in seinem Werk *Théorie élémentaire*

37 Vgl. MÄGDEFRAU 1992, S. 43-89; - JAHN 2002, S. 222-225; 235-245, 302-306.

Abb. 39: Büste von Aristoteles. Marmor. Römische Kopie nach dem griechischen Bronze-Original von Lysippos, Rom, um 330 vor Chr.

Abb. 40: Giuseppe Zocchi nach F. Allegrini: Bildnis des Botanikers Andrea Cesalpino, Kupferstich, 1765

Abb. 41: Unbekannter Künstler: Bildnis Joachim Jungius, Öl/Lw.

Abb. 42: Alexander Roslin (1718–1793): Bildnis Carl von Linné, Öl/Lw., 1775

Abb. 43: Unbekannter Künstler: Porträt des Augustin-Pyrame de Candolle

Abb. 44: Unbekannter Künstler: Jugendliches Porträt des Augustin-Pyrame de Candolle vor dem Botanischen Garten in Genf.

Abb. 45: C. F. Maillet nach einem Stich von J. S. Miller: Selbstporträt Johann Sebastian Miller, Kupferstich, ca. 1787

Abb. 46: Johann Rudolf Daeliker: Porträt Johannes Gessner, Öl/Lw.

Abb. 47: Löwenzahn (Syngesia Polygama Aequalis ?), aus: Johann Miller: Illustratio systematis sexualis linnaei per Johannem Miller, London, handkolorierte Radierung, 1777

de la Botanique (1813) wesentliche Voraussetzungen schuf. Das rationalistische Modell dieser **Klassifikation** fand Niederschlag in der botanischen Illustration, indem sich die Aufmerksamkeit in der analytischen Beobachtung der Habituspflanzenbilder zunehmend auch auf morphologische Details richtet und diese in meist vergrößerter Form mit in die zweidimensionalen Darstellungen einbezog, wie dies John Miller (1715–1780) (Abb. 45) als einer der ersten in seinem Werk *Illustratio systematis sexualis linnaei per Johannem Miller* (1777) mit konsequentem Nachdruck umsetzte (Abb. 47).[38] In anderer Weise tat dies ebenso Johannes Gessner (1709–1790) (Abb. 46) in seiner *Tabulæ phytographicæ, analysin generum plantarum* (Abb. 48), in dem er Linnés Theorie modellhaft dadurch visualisierte, dass er Pflanzen derselben Familie auf einer Tafel vereinigte, um ihre anatomischen Gemeinsamkeiten und Unterschiede – z. T. sogar in Schnitten – zu zei-

38 Vgl. LACK 1987, S. 136-137; - EFFINGER/ZIMMERMANN 2009, S. 70-71.

Abb. 48: Christian Gottlob Geißler (1729-1814): Classis XXIV Cryptogamia Verborgene. 4. Fungi. Schwämme

Abb. 49: Augustin Heckel (1708–1770): Bildnis des Pflanzenmalers Georg Dionysius Ehret. Pinsel in Aquarellfarben über Bleigriffel

Abb. 50: Georg Dionysius Ehret (1708–1770): Clariss: Linnæi. M. D. Methodus plantarum Sexualis in Sistemate Naturæ descripta

gen, besonders hinsichtlich ihrer Reproduktionsorgane.[39] Schon vorher hatte Georg Dionysius Ehret (1708–1770) (Abb. 49) auf Anweisung Linnés im Blatt „*Methodus plantarum Sexualis in Sistemate Naturae*" (Abb. 50) eine leicht fassliche Übersicht zur Klassifikation der Blütenmuster entwickelt, die, nach Staub- und Fruchtblätter geordnet, zur Kennzeichnung und Bildung von künstlichen Gruppen geeignet sind, nach der sich Gattungen, Arten, Varietäten problemlos benennen lassen.

39 Vgl. SCHLUP 2009, S. 92-95.

Erkenntnisgewinn durch neue Forschungsmethoden: Die Mikroskopie und ihre Folgen für die Botanik

Mit der Erfindung des zusammengesetzten Mikroskops am Beginn des 17. Jahrhunderts[40] eröffneten die neuen Instrumente als erweiterte Sehhilfe nicht nur der Botanik völlig neue Forschungsgebiete (Abb. 51). Vor allem nach dessen Verbesserungen durch Robert Hooke (1635–1703) kam es vermehrt zum Einsatz bei den botanischen Untersuchungen, denn es ermöglichte ein vertieftes **analytisches Beobachten**, das nun ein allmähliches Vordringen bis in den mikrokosmischen Bereich der Pflanzen zuließ. Es erlaubte Entdeckungen, die bislang außerhalb der wissenschaftlichen Betrachtungsweise bleiben mussten.[41] Dazu gehörten detaillierte Entdeckungen feinster Gewebestrukturen in der Anatomie

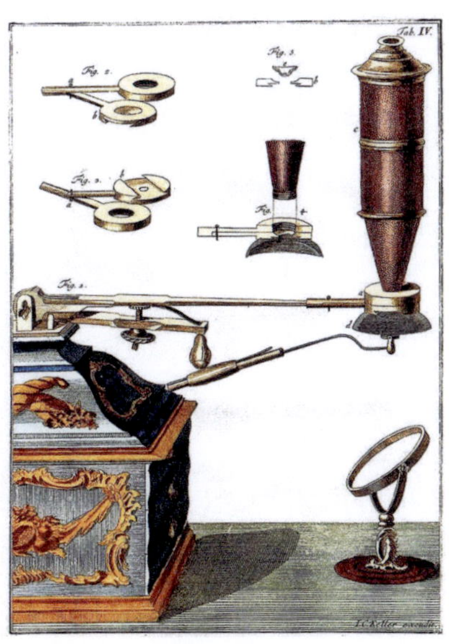

Abb. 51: I. C. Keller: Das Universalmikroskop, seine Teile und seine Funktionsweise, Kolorierter Kupferstich, 1790

Abb. 52: Carlo Cignani (1628–1719): Bildnis Marcello Malpighi, Öl/Lw.

40 Die Version, dass das Mikroskop um 1590 durch Vater und Sohn Johannes Martens (†1592) und Zacharias Jannsen (um 1588–1627/32) erfunden worden sei, konnte schon Cornelis de Waard in seiner Schrift De uitvinding der verrekijkers, ‚s-Gravenhage 1906, als „Legende" widerlegen. Vgl. JAHN 2002, S. 205.

41 Vgl. MÄGDEFRAU 1992, S. 90-102; - JAHN 2002, S. 204-213.

Abb. 53: Robert White (1645–1703): Porträt von Nehemiah Grew, Kupferstich

Abb. 55: Robert Hooke (1635–1702): Mikroskopischer Quer- und Tangentialschnitt durch Flaschenkork

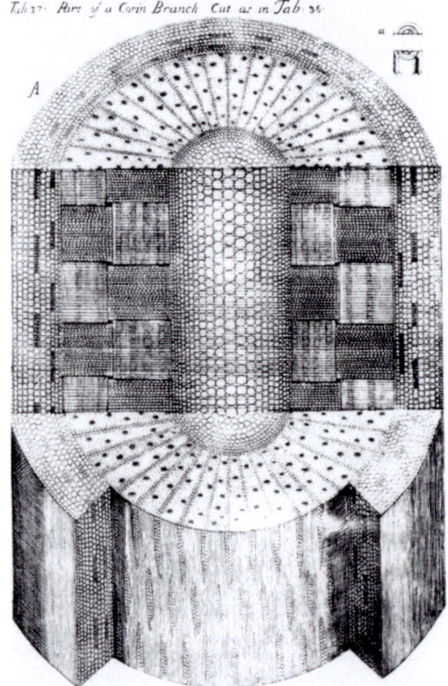

Abb. 54: Nehemia Grew (1641–1712): Histologischer Bau eines Laubholz-Zweiges in räumlicher Darstellung

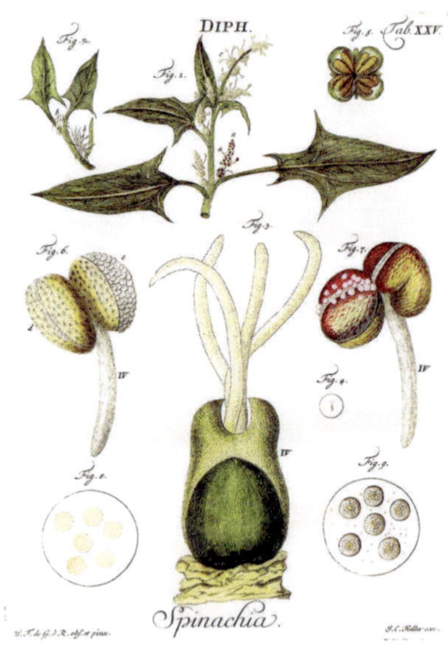

Abb. 56: Johann Christoph Keller (1737-1795) nach Wilhelm Friedrich von Gleichen-Russwurm (1717–1783): Fortpflanzungsorgane des Spinats (Spinachia oleracea), kolorierter Kupferstich

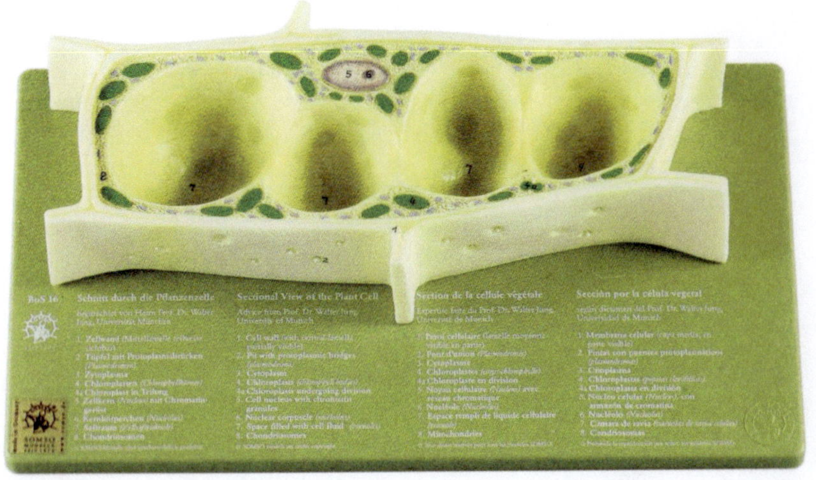

Abb. 57: Modell des mikroskopischen Feinbaus einer Pflanzenzelle nach W. Weber im Maßstab 3000:1

Abb. 58: Modell der Echten Kamille (Matricaria chamomila) mit Blütenstand im Maßstab 9:1, Zungenblüte (20:1), Röhrenblüte (80:1) nach Weber, aus bemaltem SomSoplast

Abb. 59: Familienwappen von Wilhelm Friedrich Gleichen von Rußwurm, Schloss Greifenstein

und Histologie der Pflanzen z. B. durch Marcello Malphigi (1628–1694)[42] (Abb. 52) oder Nehemia Grew (1641–1712)[43] (Abb. 53, 54). Ihrer Pionierarbeit verdanken wir wesentliche Voraussetzungen für die Erkenntnis, dass die Zelle als Grundbaustein des Lebens betrachtet werden kann, wie es Robert Hooke (Abb. 55) in der *Cytologie* formulierte. Die Anwendung dieser Forschungsmethode führte aber auch zu neuen Einsichten in die Morphologie und Phy-

Abb. 60: Luigi Calmei unter Anleitung von Giovan Battista Amici: Wachsmodell zum Befruchtungsvorgang beim Kürbis (curcubita pepo), 1839

42 Vgl. MALPIGHI 1675.

43 Vgl. MÄGDEFRAU 1992, S. 94-97; - JAHN 2002, S. 209-210.

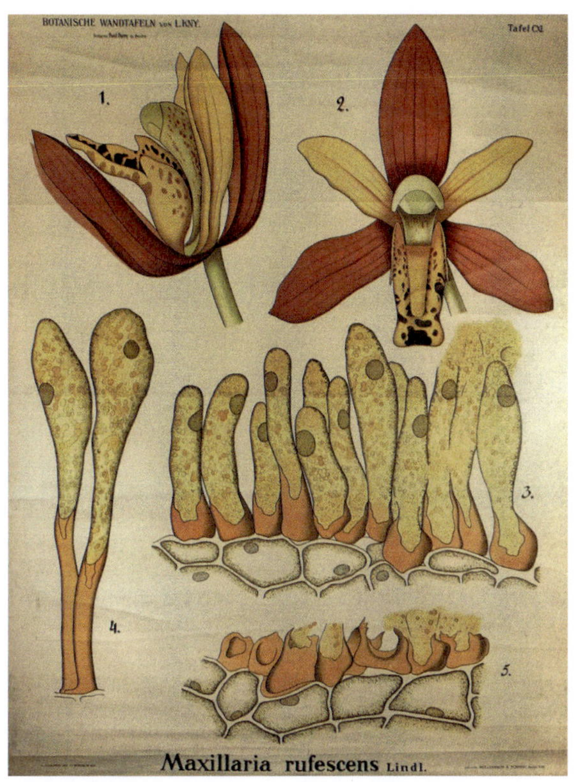

Abb. 61: Carl Ignaz Leopold Kny: Rolltafel CXI: Orchidee (Maxillaria rufescens Lindl), Ende 19./Anf. 20. Jh., Farblithographie

siologie der Pflanzen, wie sie etwa Wilhelm Friedrich von Gleichen-Russwurm (1717–1783) (Abb. 59) bei der mikroskopischen Beschäftigung mit den pflanzlichen Fortpflanzungsorganen gelungen sind (Abb. 56). In der Regel fungieren dabei die auf mikroskopische Untersuchungen fußenden Darstellungen als **zweidimensionale Modelle von Erklärungsmustern** zu botanischen Sachverhalten, bei denen der didaktische Anspruch des Belehrens im Vordergrund steht, der mit fortschreitender Entwicklung dieser Wissenschaftsdisziplinen dann auch die Verwendung zumeist vergrößerter 3-D-Modelle (Abb. 57, 58, 60) bzw. großformatige Lehrtafeln im Unterricht mit einschloss (Abb. 61).[44]

44 Vgl. BUCCHI 1998, S.161-184.

Abb. 62: J. McArdell nach T. Hudson: Porträt Stephen Hales, Mezzotinta

Pflanzenphysiologie:
Die Fragen nach den Lebensformen in Pflanzenorganismen. Erkenntnisgewinn durch empirische Studien und Experimente

Im Zusammenhang mit wachsenden Erkenntnissen in der Pflanzenkunde stellten sich zunehmend Fragen über Ernährung, Wachstum, Stoffwechsel, Vermehrung, Abstammung und andere bislang ungelöste Probleme in den Lebensprozessen der Pflanzen. Um den Lösungen auf den Grund zu kommen, boten sich im verstärkten Maße Experimente an, deren Modellhaftigkeit zum wiederholbaren Nachvollzug des methodischen Ablaufs zur Beweissicherung visualisiert wurden. Deshalb wurde die **Methodenreflexion** in diesem Bereich der Botanik zu einem bevorzugten **Modellfall**. Wir begegnen ihm bereits in einer frühen Phase der Pflanzenphysiologie in den Visualisierungen der Experimente, die Stephen Hales (1677–1761) (Abb. 62) zu den Problemen des Wasserhaushalts der Pflanzen anstellte, mit der er den Grundstein zur Kohäsionstheorie der Wasserbewegung legte, indem es ihm gelang, durch physikalische Versuche der Saftbewegung und Ernährung der Pflanzen auf die Spur zu kommen (Abb. 63).[45] Spätere Wissenschaftler haben diese und andere Fragen und Lösungen durch weitere planmäßige Experimente erweitern und vertiefen können. Dazu gehören unter anderem die Fragen zur Kohlenstoffassimiliation, die Jan Ingen-Housz (1730–1799) (Abb.

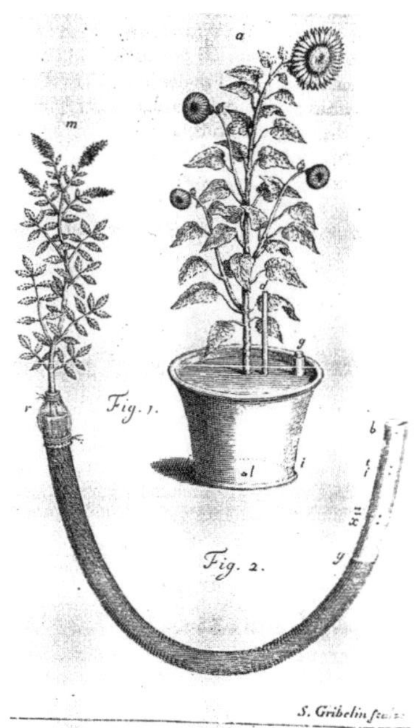

Abb. 63: S. Gribelin nach Stephen Hales (1677–1761): Versuchsaufbau über die Wasseraufnahme, den Wurzeldruck und den Saftstrom der Pflanzen, Kupferstich

45 Vgl. MÄGDEFRAU 1992, S. 104-107; - JAHN 2002, S. 255.

Abb. 64: Unbekannter Künstler: Porträt Jan Ingenhousz, Kupferstich

Abb. 65: Porträtfoto Wilhelm Pfeffer, 1896

64) mit dem Nachweis der Photosynthese und Atmung der Pflanzen zu klären vermochte[46], während am Ausgang des 19. Jahrhunderts Wilhelm Friedrich Philipp Pfeffer (1845–1920) (Abb. 65) dann auch die **vierte Dimension – die Zeit** – in seine Modellversuche zur Reizphysiologie mit einbezog, indem er z. B. die Bewegungen der Blüten und Blätter der Pflanzen beim Schlaf untersuchte und 1898 erstmals durch kinematographische Aufnahmen im Zeitraffer sichtbar zu machen verstand.[47] In gewisser Weise lieferte Pfeffer mit den Lehrfilmen die Vorläufer einer Modellkonstruktion, die, wie im Falle der Wiedergabe des Wachstumsprozesses beim Titanwurz (Amorphophallus titanium) (Abb. 66), in digitalisierter Form den Prozessverlauf durch die Möglichkeit einer interaktiven Einwirkung des Betrachters auf die Pflanze das Gewächs in beliebiger Konstellation als virtuelle 4-D-Projektion (Abb. 67) so oft beobachten kann, wie er es für den Lernprozess als erforderlich erachtet.

In der Mehrzahl kamen jedoch in der zweiten Hälfte des 19. Jahrhunderts entwicklungsgeschichtliche und morphologische Wachsmodelle in der Lehre zum Einsatz, wie sie z. B. Dr. Ziegler als Serien für die Blütenentwicklung von Aceranthus diphyllus, die Entwicklung des anatopen Eies von Passiflora alata usw., angefertigt hatte.[48]

46 Vgl. MÄGDEFRAU 1992, S. 107-109.
47 Vgl. MÄGDEFRAU 1992, S. 264-266.
48 Vgl. BARY 1861, S. 63-64.

Abb. 66: Titanwurz (Amorphallus titanium), Farblithographie, 1835

Abb. 67: Niklaus Heeb, Alessandro Holler, Jonas Christen: Titanwurz Amorphophallus titanium), Tangible Virtual Models

Pflanzengeographie:
Die räumliche Verbreitung der Pflanzen in horizontaler und vertikaler Hinsicht

Die ersten Anfänge der Pflanzengeographie begegnen uns bereits im botanischen Bericht, den Conrad Gessner (1516–1565) (Abb. 68) von seiner Besteigung des Pilatus am 21. August 1555 an den damaligen Stadtarzt von Luzern über die „*Beobachtungen zur Gliederung der Vegetation in der Höhe*“[49] – allerdings ohne Hinzufügung eines visualisierenden Modells – gemacht hatte. Dies leistete dann gut 250 Jahre später Alexander von Humboldt (1769–1859), der eigentliche Begründer der Pflanzengeographie, in seinen nach der Amerikareise (1799–1804) herausgegebenen beiden Abhandlungen *Ideen zu einer Geographie der Pflanzen* (1807) und *Ideen zu einer Physiognomie der Gewächse* (1808), in denen er „*vergleichend die Phänomene der Verbreitung der Pflanzen und ihrer Abhängigkeit von geologischen, geographischen und – mit modernen Meßmethoden erfaßten – klimatischen Verhältnissen*“[50] vorgestellt und in Modellen eines Übersichtsdiagramms in Form eines Querschnitts durch Südamerika die Verteilung von Pflanzen und Tieren visualisiert hatte (Abb. 69).[51] Im Modell des Vergleichs der Vegetationsprofile bedeutender Berge Amerikas und Europas, das unter

Abb. 68: Tobias Stimmer: Porträt Conrad Gessner, Tempera/Lw., 1564

49 NYFFELER 2016, S. 163-174, hier: 166; - vgl. auch: MÄGDEFRAU 1992, S. 37.

50 JAHN 2002, S. 309.

51 Vgl. LACK 2009, S. 45-49.

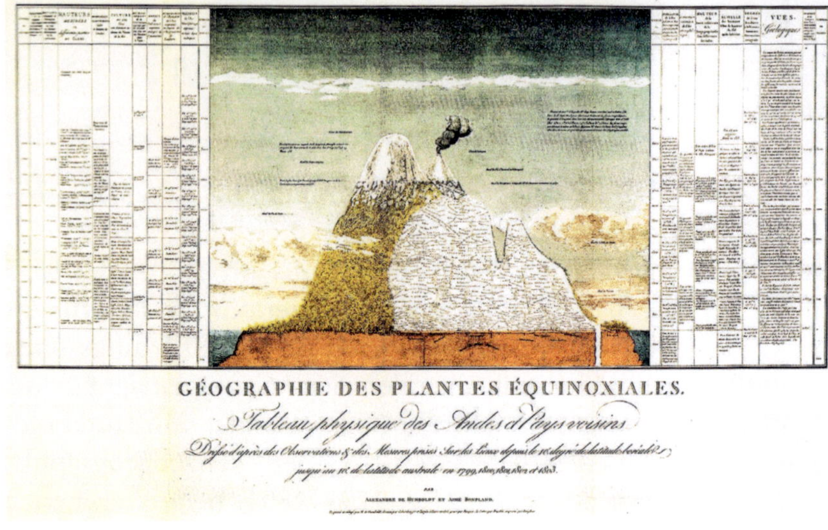

Abb. 69: L. A. Schönberger, nach Alexander von Humboldt (1769–1859): Geographie des Plantes Équinoxiales, kolorierter Kupferstich, 1807

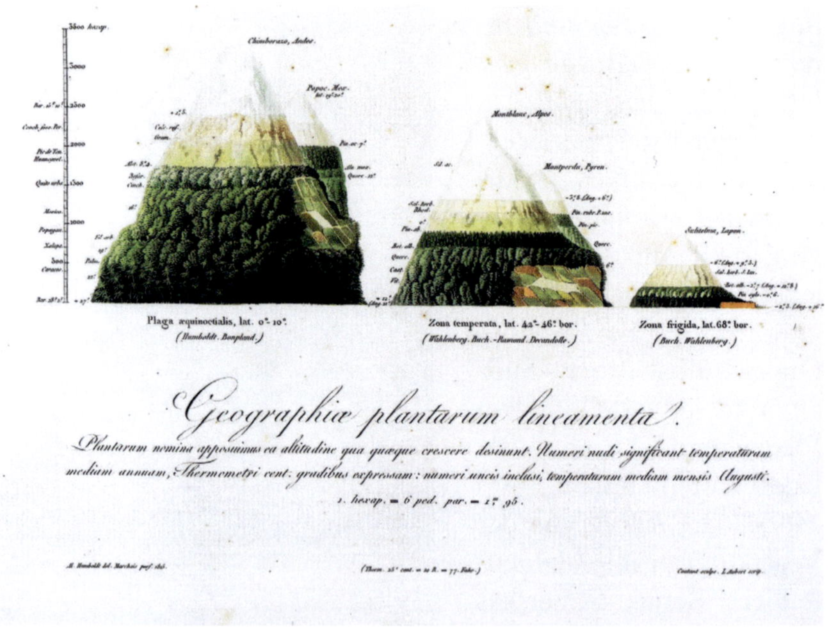

Abb. 70: J. L. D. Coutant nach Alexander von Humboldt (1769–1859) und F. Marchais: Geographieæ plantarum lineamenta, (Vergleich zwischen den Vegetationsgürteln am Chimborazo, Montblanc und Sulitelma), 1815

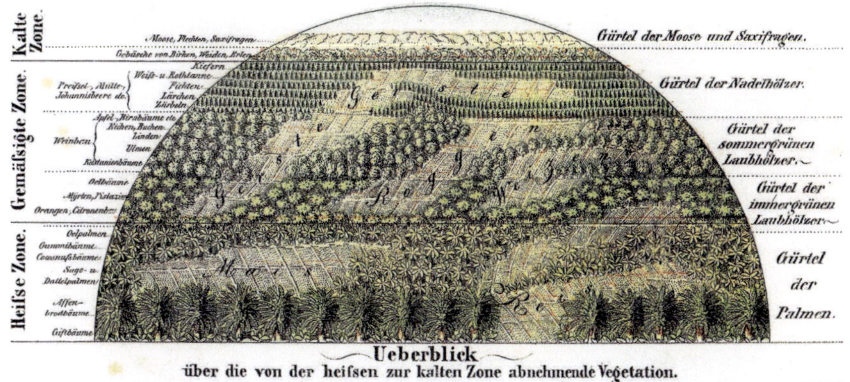

Abb. 71: F. G. L. Greßler nach Alexander von Humboldt (1769–1859): Ueberblick über die von der heißen zur kalten Zone abnehmende Vegetation, kolorierter Kupferstich

dem Titel *Geographieæ plantarum lineamenta* (Abb. 70) seiner Schrift *Nova Genera et Species Plantarum* (1815) beigefügt war, ging Humboldt über die Bestätigung der von Gessner gemachten Beobachtungen weit hinaus. Mit seinen auf die äußeren Umweltbedingungen achtenden Untersuchungen schuf er zugleich die wesentlichen Grundlagen für die Herausbildung der Pflanzenökologie als eigenständige Spezialdisziplin, die sich nicht allein mit der natürlichen Verteilung der Pflanzen in den Klimazonen der Erde beschäftigte (Abb. 71), sondern in jüngerer Zeit – mit gewachsenem Umweltbewusstsein in der Pflanzenökologie – vor allem auch für die Fragen der Zerstörung der Natur durch deren ungebremste Nutzung und Ausbeutung sensibilisierte. Zu welch beeindruckenden Erkenntnissen dabei auch über **Forschungs- und Aufklärungsmodelle der Hypothesenbildung** zu gelangen ist, macht u. a. das 2007 von Pastowski et al. erarbeitete Szenario deutlich, das die Zerstörung des Regenwaldes auf Borneo im Zeitraum von 1950 bis zur Prognose von 2020 veranschaulicht (Abb. 72).[52] Zweifellos gehören die zweidimensionalen **Habitatbilder** (Abb. 73) und dreidimensionalen **Dioramen mikroklimatischer Biotope** vom Meer, Strand, Heide, Moor, Steppe, Tundren, Wald, Regenwald, Hochgebirgen etc. bis hin zu den modellhaften Veranschaulichungen prähistorischer Pflanzengemeinschaften, die

52 Vgl. GROTZ 2015, S.127.

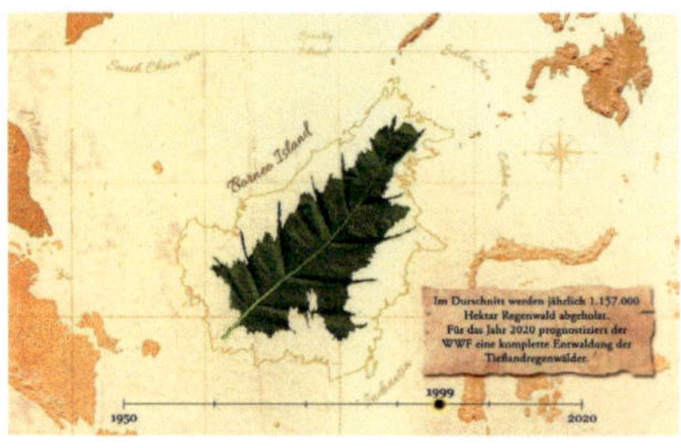

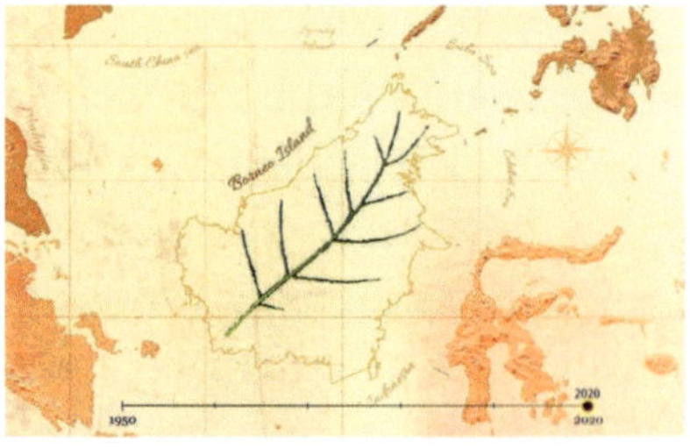

Abb. 72: Pastowski et al.: Die Zerstörung des Regenwaldes auf dem Malaiischen Archipel durch Abholzung von 1950 bis 2020. Animierte Visualisierung des Szenarios einer ökologischen Katastrophe in Gestalt eines sich langsam zerstörenden Blattes. Diorama, 2007

uns ein charakteristisches I**dealbild von den botanischen Lebensbedingungen** in den historischen Erdzeitaltern zwischen Präkambium (Erdfrühzeit) und Quartiär (Erdneuzeit)[53] liefern, gute Vergleichsmöglichkeiten mit rezenten Habitatformen (Abb. 74, 75). Als **komplexe Modellformen** erweisen sich diese Vegetationsbilder und Kleindioramen[54] multifunktional, denn sie erfüllen gleichermaßen die Forderung von einem **natürlichen, didaktischen und auch Prozessabläufe verdeutlichendem Modell**[55], das sowohl als Modell von etwas sowohl bloße botanische Sachverhalte zu demonstrieren vermag, als auch der didaktischen Vermittlung phytologischer Zusammenhänge und Prozesse dient. Doch beim Vergleich mit Habitatbildern anderer Perioden des Erdzeitalters erlauben sie über die vergleichende Morphologie der Pflanzen zugleich (hypothetische) Rückschlüsse auf ontologische und stammesgeschichtliche Verbindungen, die dann in entsprechenden Stammbaumtafeln (Abb. 76) zu Übersichten von Verwandtschaftsverhältnissen und Entwicklungslinien übertragen werden können, um mit ihnen nicht zuletzt auch Fragen der Vererbungslehre sowie der ökologischen Anpassung an Umweltbedingungen etc. mit durchleuchten zu helfen.

53 Mit Schwerpunkten der Fossilfunde vom Karbon, Perm, Trias, Jura, Kreide bis hin zum Tertiär.
54 Vgl. GROTZ 2014, S. 171-177.
55 Vgl. GROTZ 2015, S. 82-85, 92.

Abb. 73: Alexander Postels: Erstes Bild von der marinen Benthos-Vegetation im Golf von Alaska, Farblithographie, 1840

Abb. 74: Zdenek Burian: Der Steinkohlenurwald, Öl/Lw., ca. 1955

Abb. 75: Kleindiorama eines Sees in Brandenburg im Maßstab 1:10, 1960er Jahre

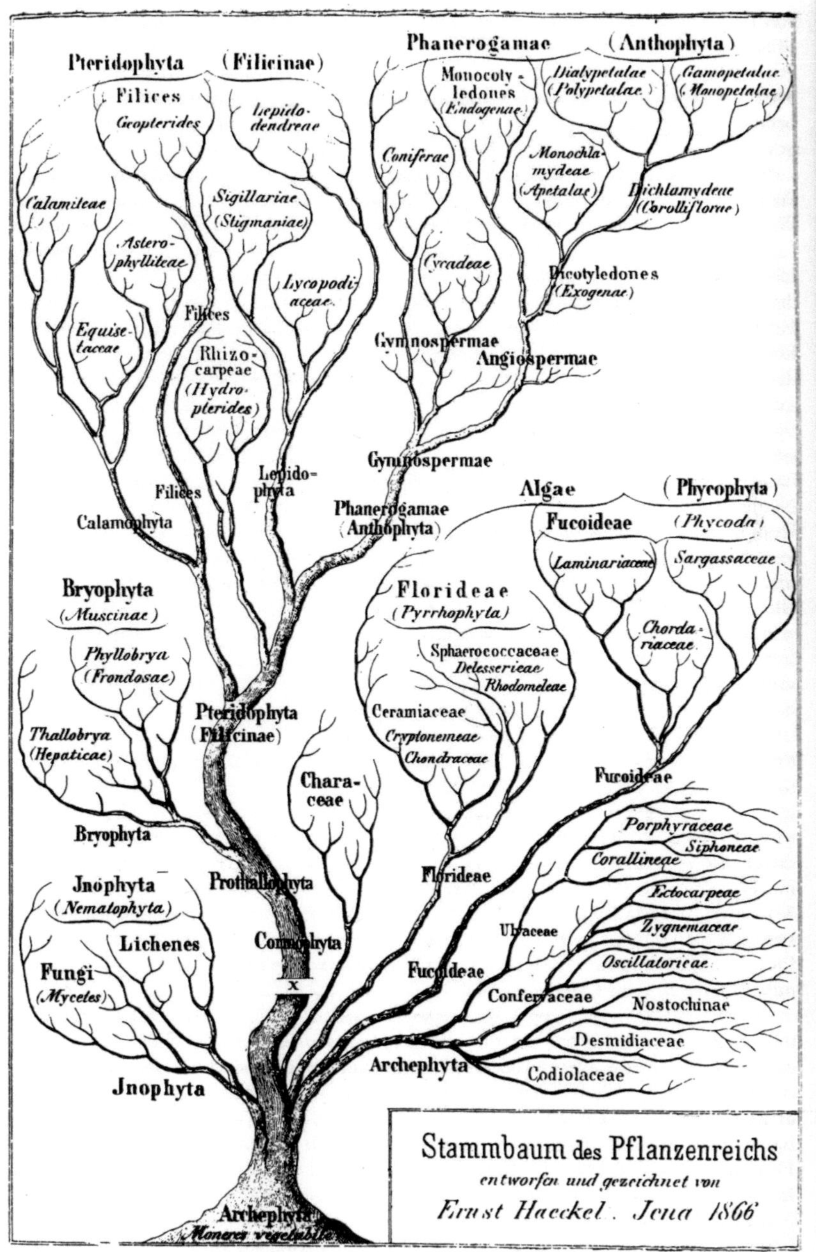

Abb. 76: Ernst Haeckel: (1834-1919), Stammbaum des Pflanzenreichs, Lithographie, 1866

Schlussfolgerungen

Nicht alle Linien der Modellentwicklung in der Botanik lassen sich in diesem Rahmen bis zur Gegenwart verfolgen. Es zeigt sich aber, dass das botanische Modell in seinen drei Formen als **natürliches, didaktisches und Forschungsmodell** für den Erkenntniszuwachs in dieser Wissenschaftsdisziplin unabdingbar war. Schon seit den allerersten Anfängen dieser Wissenschaft gewinnt noch in der Antike bei Theophrast von Eresos (Abb. 1) der Baum die Funktion eines Modells als Idealpflanze, an dem sich alle phytologischen Lebensvorgänge exemplarisch **beobachten, erklären und untersuchen** lassen. So erfüllte bereits dieses botanische Urmodell typische Eigenschaften, um den Ansprüchen gerecht zu werden, wie ein Modell zu funktionieren hat. Im Laufe der Wissenschaftsgeschichte haben sich diese Grundforderungen kaum geändert, wurden aber durch die Entwicklung neuer Materialien für den Modellbau und neuer Methoden den jeweils wachsenden Anforderungen soweit angepasst, dass sie in allen drei Modellbereichen zu optimierten Ergebnissen führten. Neben den klassischen zwei- und dreidimensionalen Modellen traten mit der Entwicklung des Films und der Digitalisierung die Möglichkeit der vierten Dimension hinzu, die Prozessabläufe in der Natur leichter sichtbar machen. Dies kam in der Forschung einem Quantensprung in der Modellbildung gleich, ungeachtet dessen, dass es schon vorher möglich war, die vierte Dimension auch im 2- oder 3-D-Format durch einzelne Bildsequenzen sichtbar werden zu lassen. Unabhängig von genutzten Materialien ist in der Modellbildung ein hohes Abstraktionsvermögen zur Umsetzung des von der Wissenschaftsdisziplin vorgegebenen Wissensbildes gefragt, mit dessen Hilfe sich die General- wie Detailfragen des zum Modell verdichteten Untersuchungsgegenstandes visualisieren lassen. Insofern bleibt das botanische Modell auch in Zukunft ein unabdingbares Werkzeug zur Erlangung und Sicherung des Erkenntnisgewinns im naturwissenschaftlichen Forschungs-, Lehr- und Vermittlungsbetrieb!

Botaniker, Naturforscher und wissenschaftliche Illustratoren:
Von Aristoteles bis Wonnecke von Kaub. Ein biographischer Überblick

ARISTOTELES (vgl. Abb. 39)
Aristoteles (griech. Ἀριστοτέλης Aristotélēs,; *384 v. Chr. Stageira; †322 v. Chr. Chalkis auf Euböa), griechischer Gelehrter und bedeutendster Philosoph der Antike; einer der einflussreichsten Denker und Naturforscher der Geschichte überhaupt. Sohn eines Arztes, der im Dienst des makedonischen Königs Amyntas III. stand. 367 v. Chr. ging A. nach Athen, wo er Philosophie an der von Platon gegründeten Akademie studierte. Als Schüler Platons gehörte er bis zu dessen Tod 347 v. Chr. zum Lehrkörper der Akademie. 347 v. Chr. musste A. Athen aus politischen Gründen verlassen und ging nach Assos, später Mytilene und Stageira, wo er u. a. zusammen mit => Theophrast zoologische und botanische Studien betrieb. 343/342 v. Chr. berief ihn Philipp II. von Makedonien als Erzieher seines Sohnes Alexander an seinen Hof. Nach Alexanders Thronbesteigung kehrte Aristoteles 335 v. Chr. nach Athen zurück und gründete seine eigene philosophische Schule, das *Lykeion*. Hier nahm er gemeinsam mit Theophrast seine Forschungen wieder auf. Nach dem Tod Alexanders geriet A. als Anhänger der makedonischen Partei in eine gefährliche Situation und musste 322 v. Chr. aus Athen fliehen. Er siedelte sich auf der Insel Euböa an, wo er schon nach wenigen Monaten verstarb. Seine zoologischen Schriften haben die weitere Entwicklung dieser Wissenschaftsdisziplin bis zur Renaissance entscheidend beeinflusst. Darüber hinaus hatte A. zahlreiche weitere Disziplinen entweder selbst begründet oder maßgeblich beeinflusst, so z. B. die Naturphilosophie, Wissenschaftstheorie, Logik, Biologie, Physik, Ethik, Staatstheorie und die Theorie der Dichtkunst. Aus seinem Gedankengut entwickelte sich der Aristotelismus.
Lit.: JAHN 2002, S. 766.

BLASCHKA (vgl. Abb. 35, 37, 38)

Leopold Blaschka (*27. Mai 1822 Böhmisch Aicha/Nordböhmen; †3. Juli 1895 Dresden) und sein Sohn **Rudolf Blaschka** (*17. Juni 1857; †1. Mai 1939 Dresden) waren naturwissenschaftliche Glaskünstler aus dem böhmisch-deutschen Grenzgebiet, die in Dresden für ihre Produktion von biologischen Modellen sehr berühmt wurden. Leopold B. absolvierte zunächst eine Lehre zum Goldschmied und danach eine Ausbildung zum Glasbläser. In dieser Profession entwickelte er das Glasspinnen, das feinste Arbeiten ermöglicht. Im Jahr 1853 reiste Leopold Blaschka per Segelschiff in die USA. Auf dem Weg dorthin hielt eine Flaute das Schiff für zwei Wochen auf dem Meer fest. In dieser Zeit beobachtete er das Phänomen des Meeresleuchtens, das ihn sehr faszinierte und sein Interesse für die Meeresflora und -fauna weckte. 1863 fragte ein Engländer Leopold B., ob es möglich sei, Seeanemonen für ein Aquarium aus Glas zu blasen, um diese fragilen Tiere, die schwer zu halten sind, auch außerhalb des Meeres repräsentieren zu können. Er führte diesen Wunsch in brillanter Weise aus und spezialisierte alsbald seine Arbeit nur noch auf die Glasbläserei. So publizierte er schon 1871 einen ersten Katalog, in dem er seine Produkte für maritime Aquarien als Zierde für elegante Zimmer anpries. Ab etwa 1875 beteiligte er seinen Sohn Rudolf an dieser Glasbläserproduktion und modellierte mit ihm zusammen bis 1880 etwa 700 Modelle wirbelloser Meeresorganismen, die er in Tausenden von Einzelstücken fertigte und um den gesamten Erdball exportierte. In etwa 70 Ländern dienten die Glasmodelle der Blaschkas an den Universitäten und Schulen aufgrund ihrer Detailgenauigkeit als begehrtes Anschauungsmaterial und als Studienobjekte, um mit ihrer Hilfe die fehlende Möglichkeit der Konservierung echter Lebewesen zu kompensieren. Bei ihrer Arbeit griffen die Blaschkas auf eigene Zeichnungen zurück oder bedienten sich jener von Ernst Haeckel (1834–1919). So schufen sie in knapp 17 Jahren etwa 1900 zoologische Glasmodelle. Seit etwa 1881 lenkten sie ihre Produktion auf die Fertigung botanischer Glasmodelle. Ein im Jahre 1886 geschlossener Vertrag mit der Harvard-Universität in Cambridge (Massachusetts) über die Lieferung von mehreren tausend Glasblumen sowie ihre Präsentation auf der World's Columbian Exposition in Chicago im Jahre 1893 sicherte ihnen und ihren Modellen Weltruhm. Nach dem Tod des Vaters führte der Sohn die Produktion von glasgeblasenen Modellen allein fort.

Lit.: James Peto, Angie Hudson (Hg.): Leopold & Rudolf Blaschka. London 2002; - Martin Rasper, Heidi und Hans J. Koch: Blaschka: Gläserne Geschöpfe des Meeres. Hamburg-Otensen 2007; - Gerhard Scholz: Morphologische Modelle von Tieren und Pflanzen – veraltet oder auf dem Weg zu neuer Blüte? In: GROTZ 2015, S.60-63.

BRUNFELS (vgl. Abb. 17, 18)

Otto Brunfels (oder Otho Brunfels, auch Brunsfels oder Braunfels) (*1488 Mainz; †23. November 1534 Bern), war ein deutscher Theologe, Humanist, Arzt und Botaniker. Nach dem Studium der Theologie und Philosophie an der Universität Mainz, die er 1509 mit dem Grad eines Magisters artium abschloss, trat B. in das Mainzer Kartäuserkloster ein. Später übersiedelte er in die Kartause zu Königshofen bei Straßburg, wo er 1514 zum Priester geweiht wurde. Von hier aus trat B. mit dem Rechtsgelehrten Nikolaus Gerbel (um 1485–1560) in Kontakt, von dem er auf die Heilkraft der Pflanzen hingewiesen wurde. Beeinflusst von Gerbel, einem überzeugten Anhänger der Reformation Luthers, und von der Reformationsbewegung am Oberrhein, floh Brunfels aus dem Kloster und trat zum Protestantismus über. Durch die Protektion Franz von Sickingens (1481–1523) – des Anführers der rheinischen und schwäbischen Ritterschaft sowie Unterstützers der Reformation – und des Renaissance-Humanisten, Dichters, Kirchenkritikers und Publizisten Ulrich von Hutten (1488–1523) erhielt B. 1521 auf Betreiben des Frankfurter Dekans, des Theologen und Astrologen Johannes Indagine (1467–1537), die Pfarrstelle in Steinau an der Straße. Später wirkte B. als Pfarrer in Neuenburg (Breisgau) und an einer Schule des Karmeliterordens in Straßburg, wo er 1524 das Bürgerrecht erwarb. Im Jahre 1527 gab er die Schrift *Catalogi virorum illustrium veteris et novi testamenti* heraus, die als erstes Geschichtsbuch der evangelischen Kirche gilt. 1530 wurde B. an der Universität Basel zum Dr. med. promoviert und 1532 zum Stadtarzt und Professor der Medizin nach

Bern berufen. B. verfasste zahlreiche theologische und medizinische Schriften. Grundlegend für die Neubegründung der abendländischen Botanik wurde die Herausgabe seiner Kräuterbücher *Herbarium vivae eicones* (in Latein, 1530 und 1536, drei Teile) und *Contrafayt* Kräuterbuch (in Deutsch, 1532–1537, zwei Teile), für die er sich nicht nur, wie bisher üblich, auf die Schriften des Altertums stützte, sondern eigene Pflanzenbeobachtungen auswertete und die Kräuter aus eigener Anschauung beschrieb. Für die von ihm selbst gefundenen einheimischen Pflanzen benutzte B. nach der Natur gefertigte Aquarelle von => Hans Weiditz, die ihm als Grundlage für die 229 Holzschnittillustrationen der Bücher dienten. Zusammen mit Hieronymus Bock (1498–1554) und => Leonhart Fuchs (1501–1566) zählt B. zu den „Vätern der Botanik“. Sein offizielles botanisches Autorenkürzel lautet „BRUNFELS“.
Lit.: NISSEN 1951, BD. II, S. 25-26; - MÄGDEFRAU 1992, S. 24-27; - JAHN 2002, S. 789.

CAMERARIUS (vgl. Abb. 21)
Joachim Camerarius der Jüngere, auch Joachim Cammermeister (*6. November 1534 Nürnberg; †11. Oktober 1598 Nürnberg), war ein deutscher Arzt, Botaniker und Naturforscher; Sohn des Humanisten, Philologen, Universalgelehrten und Dichters Joachim C. (1500–1574). Nach dem Besuch des Gymnasiums in Schulpforta studierte C. d. J. an der Universität Wittenberg Medizin. Hier gehörte Philipp Melanchton (1497–1560) zu seinen Lehrern. Bald wechselte er an die Universität Leipzig, wo er sich mit dem Arzt und Humanisten Johann Crato von Krafftheim (1519–1585) - einem Freund von Luther und Melanchton - anfreundete. Danach ging C. nach Breslau und übte sich unter Anleitung Krafftheims in „Praxi medica“. Auf dessen Rat setzte C. seit 5. November 1559 seine Studien in Padua fort und wurde 1562 an der Universität Bologna zum Doktor der Medizin promoviert. Im Jahre 1564 ließ sich C. in Nürnberg als Arzt nieder, wo er bis an sein Lebensende als Stadtarzt wirkte. In dieser Funktion bemühte er sich auch um die Neuordnung des Medizinalwesens und gründete in diesem Zusammenhang das Collegium medicum als eine Art städtische Ärztekammer, in der er unter seinem Vorsitz alle

Nürnberger Ärzte zusammenschloss. Bedeutsam war vor allem die Gründung eines botanischen Privatgartens, den C. zur Beförderung botanischer Studien anlegte und in dem er hauptsächlich Arzneipflanzen zog und nach damaligen wissenschaftlichen Erkenntnisstand ordnete. Zu seinen bedeutendsten botanischen Schriften zählen: *Hortus medicus et philosophicus*. Frankfurt am Main 1588; *Kreutterbuch deß hochgelehrten unnd weitberühmten Herrn D. Petri Andrae Matthioli: jetzt widerumb mit viel schönen neuwen Figuren auch nützlichen Artzneyen, und andern guten Stücken, zum andern mal auß sonderm Fleiß gemehret und verfertigt*. Frankfurt am Main 1590.

Lit.: NISSEN 1951, BD. II, S. 31; – Svenja Wenning: Joachim II. Camerarius (1534–1598). Eine Studie über sein Leben, seine Werke und seine Briefwechsel. Duisburg 2015 (Medizinhistorische Studien, Bd. 9).

CANDOLLE (vgl. Abb. 43, 44)

Augustin-Pyrame de Candolle, auch Augustin-Pyramus de Candolle (*4. Februar 1778 Genf; †9. September 1841 Genf), war ein Schweizer Botaniker und Naturwissenschaftler; Sohn des Bankiers und Magistraten Augustin de Candolle und der Louise-Eléonore Brière. Zunächst studierte er 1796 Jura in Genf, und ab 1798 Medizin in Paris, das er 1804 abschloss; danach folgte ein weiteres Studium der Biologie bei Georges Cuvier (1769–1832) und Jean-Baptiste Lamarck (1744–1829). 1802 war C. bereits Honorarprofessor der Akademie in Genf und 1807 Professor der Medizinischen Fakultät an der Universität Montpellier. Im selben Jahr gehörte er zu den neun Gründungsmitglieder der *Sociéte´d'Arcueil*. 1810 übernahm er den Lehrstuhl für Botanik an der Universität Montpellier und wurde Direktor des dortigen Botanischen Gartens. 1816 kehrte er nach Genf zurück, wo er bis 1835 den Lehrstuhl für Botanik und Zoologie übernahm und 1817 den *Jardin botanique de Genève* gründete. C. war ein bedeutender Pflanzensystematiker und Morphologe, der sich auch mit Pflanzengeographie und Physiologie beschäftigte und der nach einem natürlichen Pflanzensystem suchte. Der Forschungsreisende und Universalgelehrte => Alexander von Humboldt (1769–1859), der Botaniker und Arzt

Georg Ludwig Koeler (1764–1807), der Botaniker und Zoologe Jean-Baptiste Lamarck sowie der Zoologe Georges Cuvier gehörten zu den zeitgenössischen Wissenschaftlern, die einen großen Einfluss auf C. ausübten. Zu seinen bedeutsamsten Publikationen zählen: *Historia Plantarum Succulentarium (Histoire des plantes grasses* (1799–1803); *Theorie èlémentaire de la botanique* (1813, dt.:Theoretische Anfangsgründe der Botanik und Erklärung der Grundsätze der natürlichen Klasseneinteilung und der Kunst, die Gewächse zu beschreiben und zu studieren, 2 Bände, Zürich 1814–1815); *Essai élémentaire de géographie botanique* (1820). Sein offizielles botanisches Autorenkürzel lautet „DC."
Lit.: NISSEN 1951, BD. II, S. 31-32; – JAHN 2002, S. 793.

CESALPINO (vgl. Abb. 40)
Andrea Cesalpino (auch Andreas Caesalpin) (*6. Juni 1519 Arezzo; †23. Februar 1603 Rom; latinisiert Caesalpinus) war ein italienischer Arzt, Philosoph, Botaniker, und Physiologe. Nach seinem Studium der Philosophie, Medizin und Naturgeschichte an der Universität Pisa erwarb er 1551 den medizinischen Doktorgrad. 1555 wurde er Professor für Medizin und Direktor des Botanischen Gartens in Pisa. Sein Schwerpunkt in der Lehre war die Heilkräuterkunde.1592 berief ihn Pabst Clemens VIII. (1536–1605) zum Leibarzt und zum Professor an die Universität La Sapienza in Rom, wo er bis zu seinem Lebensende wirkte. In seinen philosophischen und medizinischen Schriften trat C. für die Prinzipien und Methoden des => Aristoteles ein und versuchte, den Einfluss des antiken Arztes Galen (129–199) zurückzudrängen. C. beschrieb die Anatomie des Herzens und beschäftigte sich mit der Physiologie des Blutkreislaufs. Grundlage seiner naturwissenschaftlichen Forschungen war ihm die Philosophie. In seinen botanischen Untersuchungen ging er über die bislang üblichen Einzelbeschreibungen hinaus und suchte das Allgemeine aus den Einzelnen, das Bedeutsame aus dem sinnlich Gegebenen herzuleiten. Wichtig wurden C.s Bemühungen um die Terminologie und Prinzipien der anatomischen und botanischen Systematik, die er in seiner Einteilung der Pflanzen aufgrund ihrer natürlichen Gegebenheiten anstrebte. Dabei gelangte er durch

aristotelisch-philosophische Deduktionen zum Schluss, dass sich nur die Fruktifikationsorgane für den Aufbau eines natürlichen Systems eignen. Doch gelangte er damit zu höchst unnatürlichen Gruppen. Ungeachtet dessen war er der erste Wissenschaftler, der ein in sich geordnetes System der Pflanzen aufstellte, die er in fünf Klassifikationen einteilte: 1. Gruppe: Bäume (Arbores); 2. Gruppe: Sträucher (Frutices); 3. Gruppe: Strauchkräuter (Suffrutices); 4. Gruppe: Kräuter (Tlerhae); 5. Gruppe: Samenlose Pflanzen (Pilze, Farne, Moose, Algen). Sein 16-bändiges Hauptwerk *De plantis libri XVI* präsentiert die Pflanzenbestimmungen in dieser Ordnung. Sein offizielles botanisches Autorenkürzel lautet „CESALPINO".

Lit.: MÄGDEFRAU 1992, S. 43-44; – JAHN 2002, S. 796.

CUBA

Johannes de => Wonnecke von Kaub

DIOSKURIDES (vgl. Abb. 2, 4)

Pedanios Dioskurides (griechisch Πεδάνιος Διοσκουρίδης Pedánios Dioskurídēs, lateinisch Pedanius Dioscurides; *um 70 n. Chr. Anazarbos (Anazarba) bei Tarsos in der römischen Provinz Kilikien [heute Landschaft in Kleinasien]) war ein griechischer Arzt und Pharmakologe, der als Verfasser der bedeutendsten antiken pharmazeutischen Botanik, die unter dem Titel *Materia medica* (Über Heilmittel) bekannt wurde. Er gilt als Pionier der Pharmakologie. Über das Leben dieses antiken Pharmazeuten ist nur wenig bekannt. Hinweise ergeben sich lediglich aus dem Vorwort seiner Abhandlung über Arzneinmittel: der *De materia medica.* Demnach wurde er von dem Arzt Laecanius Areios von Tarsos vermutlich in Tarsos ausgebildet. Die Stadt war seinerzeit ein bedeutendes Zentrum der botanisch-pharmakologischen Forschung im römischen Reich. Dioskurides war weit gereist und führte ein soldatenähnliches Leben. D. verfasste sein Hauptwerk *Perí hýlēs iatrikēs* (griechisch: Περὶ ὕλης ἰατρικῆς, lateinisch: De materia medica) in griechischer Sprache unter Heranziehung umfangreicher älterer Schriften, die spätestens seit dem 6. Jahrhundert auch ins Lateinische übersetzt wurden. Bis zur Renaissance

galt die *De materia medica* als Standardlehrbuch der Pharmakologie. Die Methode der von D. gemachten Pflanzenbeschreibungen wurde zum Vorbild für die Kräuterbücher des Mittelalters und der Renaissance.
Lit.: Faksimileausgabe: Pedanius Dioscorides: Der Wiener Dioskurides: Codex medicus Graecus 1 DER ÖSTERREICHISCHEN NATIONALBIBLIOTHEK. TEIL 1 U. 2 MIT KOMMENTAR VON OTTO MAZAL, GRAZ 1998/1999; – NISSEN 1951, BD. II, S. 47-48; – JAHN 2002, S. 808.

EHRET (vgl. Abb. 49, 50)
Georg Dionysius Ehret (*30. Januar 1708 Heidelberg; †9. September 1770 Chelsea) war ein deutscher Pflanzenmaler und Botaniker. Als Sohn eines Gärtners in Baden-Durlach'schen Diensten erlernte er ohne weitere Ausbildung vom Vater die Pflanzenmalerei und das Gärtnerhandwerk.1727 bis 1733 arbeitete E. für den Apotheker und Botaniker Johann Wilhelm Weinmann (1683–1741) in Regensburg. Ab ca.1732 erwarb der Nürnberger Botaniker Christoph Jakob Trew (1695–1769) 500 Blätter mit Pflanzendarstellungen für 4000 fl. und wurde seither zu einem Mäzen für den Pflanzenmaler. Trew finanzierte auch die Studienreisen Ehrets, die er von 1733–1736 in die Schweiz (Basel, Lausanne, Genf), nach Frankreich (Montpellier, Lyon, Paris), Holland und England unternahm. In Paris wurde er von den Brüdern Jussieu zur Vervollständigung der von Nicolas Robert (1614–1685) begonnenen Sammlung großformatiger Pflanzendarstellungen herangezogen. 1735 traf E. in London mit dem irischen Wissenschaftler, Mediziner und Botaniker Hans Sloane – Präsident der Royal Society und leidenschaftlicher Sammler naturwissenschaftlicher Artefakte, und mit Philip Miller (1691–1771), dem Vorsteher des Apothekergartens in Chelsea, zusammen. Bald darauf ging E. nach Holland, wo er 1736 auf dem Anwesen des englisch-niederländischen Juristen, Bankiers und Pflanzensammlers George Clifford III. (1685–1760) in Hartecamp bei Haarlem mit => Carl von Linné (1707–1778) bekannt wurde. Linné arbeitete damals an seinem Werk *Hortus Cliffordianus*, für das E. eine Tafel zur Klassifizierung der Pflanzen beisteuerte und damit zur Ver-

breitung von dessen Sexualsystem mit beitrug. Nach seiner Rückkehr nach England vermählte sich E. 1738 mit Susanna Kennet, der Schwägerin Philip Millers. Neben Sloane förderten ihn auch die Herzogin von Portland und Dr. Mead, für die er Pflanzendarstellungen schuf. E.s Arbeiten wurden aufgrund ihrer Präzision und Feinheit sehr bewundert Nachdem er zahlreiche botanische Werke illustriert hatte, wurde E. am 19. Mai 1757 in die Royal Society als Mitglied aufgenommen. 1750–1751 arbeitete E. am Botanischen Garten der Universität Oxford, wo er auch unterrichtete. Sein offizielles botanisches Autorenkürzel lautet „EHRET".
Lit.: THIEME/BECKER, BD. X, S. 396-397; – NISSEN 1951, BD. II, S. 56; – LACK 2001, S. 150-151; – JAHN 2002, S. 815

FUCHS (vgl. Abb. 77)
Leonhart Fuchs (*17. Januar 1501 Wemding /Schwaben; †10. Mai 1566 Tübingen) war ein deutscher Mediziner und Botaniker. Als Sohn des Wemdinger Bürgermeisters Hans Fuchs (†1505) besuchte F. nach seiner Schulzeit in Wemding und Heilbronn die Universität Erfurt, wo er seit 1515 Philosophie und Naturlehre studierte. Nach dem Abschluss mit dem Grad eines Bachelors 1517 ging F. zurück in seine Heimatstadt und eröffnete eine Privatschule, die aber bereits ein Jahr später wieder schloss. 1519 setze er sein Studium an der Universität Ingolstadt fort und lernte dort unter dem Humanisten und Hebraisten Johannes Reuchlin (1455–1522) Griechisch, Latein und Hebräisch. Außerdem studierte er Philosophie und schloss 1521 mit dem Grad eines Magister artium diese Studien ab. Noch im selben Jahr begann F. in Ingolstadt das Studium der Medizin, das er 1524 mit dem Doktorgrad abschloss. In der darauffolgenden Zeit praktizierte er in München als Arzt und lehrte seit 1526 als Professor der Medizin in Ingolstadt. 1528 berief ihn der Ansbacher Markgraf Georg der Fromme von Brandenburg-Ansbach-Kulmbach (1484–1543) zu seinem Leibarzt. 1533 erfolgte eine erneute Berufung an die Universität Ingolstadt und 1535 eine Berufung an die Universität Tübingen, wo F. bis zu seinem Tode u. a. mehrmals im Amte des Universitätsrektors wirkte. F. unternahm viele botanische Exkursionen und legte einen *Hortus medicus* für Arzneipflanzen

Abb. 77: Heinrich Füllmaurer (tätig um 1530/40): Porträt des Botanikers Leonhart Fuchs, Öl/Holz, 1541

an. Zwar rezipierte F. antike und arabische medizinische Werke, doch interpretierte er diese kritisch und ergänzte dieses Wissen durch die Erkenntnisse seiner eigenen Naturstudien. Kaiser Karl V. erhob F. in den Adelsstand. Zusammen mit => Otto Brunfels und Hieronymus Bock zählt F. zu den „Vätern der Botanik". F.`s Ruhm beruht auf den von ihm verfassten etwa 50 Büchern, vor allen den reich illustrierten Kräuterbüchern, die er in Latein unter dem Titel *De Historia Stirpium commentarii insiges* (1542) und in Deutsch als das einflussreiche *New Kreütenbuch* (1543) herausgab. Sein offizielles botanisches Autorenkürzel lautet „L. FUCHS".
Lit.: NISSEN 1951, BD. II, S. 63-64; – MÄGDEFRAU 1992, S. 28-32; – JAHN 2002, S. 826

GESSNER (vgl. Abb. 68)
Conrad Gessner (*16. oder 26. März 1516 Zürich; †13. Dezember 1565 Zürich) oder Conrad Gesner, auch: Konrad Gessner, Konrad Geßner, Conrad Geßner, Conrad von Gesner, latinisiert Conradus Gesnerus, gräzisiert Thrasyboulos Gessneros) war ein Schweizer Arzt, Naturforscher, Altphilologe, Humanist, Polyhistor und Enzyklopädist, Sohn des Zürcher Kürschners Urs Gessner als eines von acht Kindern. Die Mittellosigkeit der Familie zwang G.s Eltern, den fünfjährigen Conrad in die Pflege seines Onkels Johannes Frick, Kaplan am Grossmünster in Zürich, zu geben, wo in dessen Garten die lebenslange Liebe des Knaben zur Botanik geweckt wurde. Nach dem Besuch der Deutschen Schule trat G. in die Lateinschule des Grossmünsters ein. Von 1526 bis 1529 lebte G. bei seinem Lehrer, dem Schweizer Reformator Oswald Myconius (1488–1552), der seinerzeit an der Fraumünsterschule lehrte. 1529 wechselte G. in das Haus des evangelischen Geistlichen Johann Jakob Altmann (1500–1573), der seinerzeit Professor für Latein am Collegium Carolinum in Zürich war. Doch G. besuchte in dieser Zeit den Sprachunterricht und die theologischen Lehrveranstaltungen des Zürcher Reformators Huldrych Zwingli (1484–1531). 1532 ging G. als Famulus zum Theologen und Hebraisten Wolfgang Capito (1478–1541) nach Straßburg, um Hebräisch zu lernen. Anschließend studierte und unterrichtete G. von 1533 bis 1534 Altsprachen an den Universitäten Ba-

sel, Bourges, Paris und Straßburg. Von 1537 bis 1540 wirkte G. als Prof. der griechischen Sprache an der Akademie Lausanne. 1540 setzte er in Montpellier sein Medizinstudium fort und wurde 1541 in Basel zum Doktor med. promoviert. Danach kehrte er nach Zürich zurück, wurde Professor der Naturwissenschaften („Leser der Physik") an der Hohen Schule Collegium Carolinum und niedergelassener Arzt (seit 1554 Oberstadtarzt) in Zürich. Im selben Jahr 1541 publizierte G. seine *Bibliotheca universalis*, die seinen Ruhm weit über die Grenzen des Landes trug. Sein bedeutendstes Werk wurde jedoch die *Historia animalium,* das von 1551 bis 1558 in vier Bänden (Bd. 5: 1587 postum) erschien. G.'s *Historia plantarum* blieb unvollendet. G. starb 1565 in Zürich an der Pest. Sein offizielles botanisches Kürzel lautet „GESNER".
Lit.: NISSEN 1951, BD. II, S. 66-67; – MÄGDEFRAU 1992, S. 35-39; – JAHN 2002, S. 831; – LEU 2016.

GESSNER (vgl. Abb. 46, 48)
Johannes Gessner (*18. März 1709 Wangen/Zürich; †6. Mai 1790 Zürich) war ein Schweizer Arzt, Physiker und Naturforscher, Sohn des Pfarrers Christoph Geßner (1674–1742) und dessen Ehefrau Esther (1677–1742), geb. Maag. G. erhielt als Knabe Privatunterricht in Mathematik, Naturkunde, Anatomie und Medizin durch den Zürcher Universalgelehrten Johann Jakob Scheuchzer (1672–1733), der für die künftigen Neigungen und beruflichen Interessen des Knaben sehr einflussreich wurde. Schon als Zwölfjähriger wohnte G. den Sektionen seines Lehrers bei, begleitete ihn ins Spital und half ihm in der Chirurgie. Sein Medizinstudium absolvierte G. an der Universität Leiden bei dem Mediziner, Chemiker und Botaniker Hermann Boerhaave (1668–1738) sowie bei dem Anatomen und Chirurgen Bernhard Siegfried Albinus (1697–1770). Später wurde er in Paris noch Schüler von Jacob Benignus Winslow (1669–1760) und in Basel vom Mathematiker und Arzt Johann (I) Bernoulli (1667–1748). Seither wies G. immer wieder auf den Nutzen der Mathematik für die Medizin hin. 1728 unternahm G. zusammen mit seinem Freund, dem Schweizer Mediziner, Botaniker und Dichter Albrecht von Haller (1708–1777), eine große Alpenreise, die in Hallers Dichtung

Die Alpen einen aufsehenerregenden literarischen Niederschlag fand. G. trat 1738 als ein ausgezeichneter Lehrer die Nachfolge Scheuchzers am Collegium Carolinum an, wo er den naturwissenschaftlichen und experimentellen Unterricht ausbaute. Aus seiner Lehrtätigkeit gingen zahlreiche Publikationen hervor. 1746 begründete G. in Zürich die *Physikalische Gesellschaft*, die sich 1808 in *Naturforschende Gesellschaft in Zürich* umbenannte. Mit Hilfe der Gesellschaft kam es bald zur Gründung eines neuen botanischen Gartens. Sein offizielles botanisches Autorenkürzel lautet „GESSNER".
Lit.: NISSEN 1951, BD. II, S. 67; – Eduard K. Fueter: Gessner, Johannes, in: Neue Deutsche Biographie, Bd. 6, 1964, S. 345-346; - JAHN 2002, S. 831;

GLEICHEN (vgl. Abb. 56, 59)
Wilhelm Friedrich Freiherr von Gleichen genannt von Rußwurm (*14. Januar 1717 Bayreuth; †16. Juni 1783 Schloss Greifenstein, Gemeinde Bonnland/Unterfranken) war ein markgräflich bayreuthischer Offizier und Naturforscher, Sohn des Heinrich von Gleichen (1681–1767) aus dem thüringischen Grafengeschlecht Gleichen und dessen Ehefrau Caroline Dorothea Sophie von Rußwurm (1693–1748). Nach dem Tod der Mutter nahm Wilhelm Friedrich den Namen Freiherr von Gleichen genannt von Rußwurm an. 1728 kam der Knabe Wilhelm Friedrich als Page an den Hof des Fürsten von Thurn und Taxis nach Frankfurt und ging 1730 als Kadett nach Dresden, wo ihm eine schulische Ausbildung auch in den Naturwissenschaften zuteilwurde. Als Teilnehmer eines Duells mit tödlichem Ausgang musste er fliehen, was ihn 1734 zum Eintritt in die markgräflich bayreuthischen Truppen veranlasste. 1756, nach dem Aufstieg bis zum zweiten Chef des Oberstallamts, quittierte G. den Militärdienst und zog sich auf das mütterliche Schloss Greifenstein bei Hammelburg in Unterfranken zurück, wo er neben der Verwaltung seiner Güter auf Anregung des Juristen und Naturforschers Martin Frobenius Ledermüller (1719–1769) damit begann, botanische-mikroskopische Studien zu betreiben. Besonders lenkte er dabei sein Augenmerk auf die Befruchtung von Pflanzen und Tieren. Beim Bau

einfacher Mikroskope zeigte er ein ausgeprägtes Geschick, und er bewies bei seinen Untersuchungen eine gute Beobachtungsgabe und großes zeichnerisches Talent, so dass es ihm als erstem gelang, den Pollenschlauch zu beschreiben. 1778 entwickelte G. ein Verfahren zur Anfärbung von Mikroorganismen mit Indigo und Karmin.
Lit.: NISSEN 1951, BD. II, S. 68; – JAHN 2002, S. 832.

GREW (vgl. Abb. 53, 54)
Nehemiah Grew (*26. September 1641 Mancatter Parish, Warwickshire; †25. März 1712 London) war ein englischer Arzt, Botaniker und Pflanzenanatom. Zunächst studierte er Philosophie an der Universität Cambridge, danach Medizin in Leiden, wo er 1671 zum Dr. med. promoviert wurde. Nach seinem Studienabschluss ließ er sich als Arzt in Coventry nieder, ab 1672 in London. Von 1677 bis 1679 amtierte G. als Sekretär der Royal Society in London. Seit 1664 betrieb G. sehr erfolgreich Studien über die Anatomie der Pflanzen, die ihn als Mikroskopiker und Begründern der Pflanzenanatomie bekannt machten. Er war in seinen Forschungen bestrebt, die strukturellen Gemeinsamkeiten von Pflanze und Tier aufzudecken. So erkannte er, dass die Pflanzen aus Zellen bestehen und wies in den unterschiedlichen pflanzlichen Gewebeformen die verschiedenen Organe der Pflanze nach. Seine vergleichenden anatomischen Untersuchungen über den Verdauungstrakt der Säugetiere, Vögel und Fische brachten ihn erstmals zum Gebrauch des Terminus „Vergleichende Anatomie“ für zoologische Studien. Überdies erkannte G., dass sich die Menschen in ihren Fingerabdrücken unterscheiden.
Lit.: NISSEN 1951, BD. II, S. 72; – MÄGDEFRAU 1992, S. 94-97; – JAHN 2002, S. 837.

HALES (vgl. Abb. 62, 63)
Stephen Hales (*17. September 1677 Bekesbourne/City of Canterbury/Kent; †4. Januar 1761 Teddington/Middlesex) war ein englischer Theologe, Pfarrer, Naturforscher, Physiologe und Erfinder. Als sechster und jüngster Sohn von insgesamt elf Kindern des Thomas Hales und seiner Ehefrau Mary entstammte H. ei-

ner der angesehensten und ältesten Geschlechter der Grafschaft Kent. Nach dem frühen Tod des Vaters übernahm der Großvater Sir Robert Hales die Erziehung des Knaben und bereitete ihn zur 1696 erfolgten Immatrikulation für das Studium der Theologie an der Universität Cambridge vor. Während des Studiums übten Issac Newton (1643–1727) in Experimentalphysik und Mathematik, John Ray (1627–1705) in Botanik, der Altertumsforscher und Mediziner William Stukeley (1627–1765) und der Astronom Roger Cotes (1682–1716) in Astronomie und Mathematik einen großen Einfluss auf die Entwicklung naturwissenschaftlicher Interessen des angehenden Theologen aus. Nach dem Studienabschluss 1709 empfing H. die Priesterweihe und wurde zum Pfarrer der kleinen Gemeinde Teddington (Middlesex), unweit von London an der Themse gelegen, ernannt, wo er bis zu seinem Lebensende wirkte. Als Spross einer angesehenen Familie besaß H. genügend private Mittel, um sich trotz der geringen Einkünfte, die seine nur etwa 500 Seelen umfassende Gemeinde abwarf, auch naturwissenschaftlichen Experimenten zu widmen. So wies er bei Tierversuchen die Blutzirkulation nach und bestimmte den Blutdruck. In seinen pflanzenphysiologischen Experimenten gewann er Erkenntnisse über den Wasserhaushalt und die Saftbewegung der Pflanzen durch quantitative Studien zur Verdunstung und zur Bestimmung des Wurzeldrucks und begründete damit eine neue Methode der Experimentalphysiologie. Überdies führte er zahlreiche technische Erfindungen zur Erleichterung der Lebensbedingungen seiner Gemeinde ein. 1717 wurde H. Mitglied der Royal Society in London und 1733 wurde er zum Dr. theol. promoviert.
Lit.: MÄGDEFRAU 1992, S. 104-107; – JAHN 2002, S. 841-842

HOOKE (vgl. Abb. 55)
Robert Hooke (*18. Juli jul./28. Juli 1635 greg. Freshwater/Isle of Wight; †3. März 1702 jul./4. März 1703 greg. London) war ein englischer Physiker und Universalgelehrter. Einem royalistisch-anglikanischem Elternhaus entstammend, erfolgte seine Ausbildung an der Westminster School in London. Nachdem sich seine praktische Begabung vor allem als Zeichner und Konstrukteur gezeigt

hatte, erhielt er auf Vermittlung seines Lehrers Richard Busby (1606–1695) eine Anstellung an der Christ Church in Oxford. Hier arbeitete er im Dienst einer Gruppe von Naturforschern, die sich um John Wilkins (1614–1672) der experimentellen Naturbeobachtung verschrieben hatten und deren Mitglieder 1660 zu jenem Personenkreis gehörten, der die Royal Society gründete. 1662 ernannte die Royal Society H. zu ihrem Kurator der physikalischen Geräte und für Experimente sowie von 1677 bis 1682 zu ihrem Sekretär. Als zeitweiliger Assistent von Robert Boyle (1627–1691) war er an dessen Konstruktion der Luftpumpe beteiligt. H. förderte die Mikroskopie, beobachtete pflanzliche und tierische Gewebe, prägte den Begriff „Zelle“ und beschäftigte sich mit Versuchen über die tierische Atmung und die Rolle der Luft im Blutkreislauf. Im Auftrage der Royal Society führte H. regelmäßige Wetterbeobachtungen durch und entwickelte dafür meteorologische Messgeräte.

Lit.: MÄGDEFRAU 1992, S. 90-92; – JAHN 2002, S. 858

HUMBOLDT (vgl. Abb. 22, 69-71)

Friedrich Wilhelm Heinrich Alexander Freiherr von Humboldt (*14. September 1769 Berlin/Tegel; †6. Mai 1859 Berlin) war ein deutscher Forschungsreisender mit einem weit über Europa hinausreichenden Wirkungsfeld. Nach dem frühen Tod seines Vaters, eines preußischen Offiziers und Kammerherrn, erhielt H. zusammen mit seinem Bruder Karl Wilhelm (1767–1835) auf dem elterlichen Schloss in Tegel eine vortreffliche Erziehung durch Hauslehrer, zuletzt durch den Pädagogen und Politiker Johann Kunth (1757–1829). Im Wintersemester 1787/88 studierte H. an der Universität Viadrina in Frankfurt/Oder Philosophie und Cameralwissenschaften (Volkswirtschaft. Landwirtschaft, Verwaltung, Buchführung). Anschließend setzte er 1788 seine Studien im Privatstudium in Berlin fort, wo er besonders durch den Botaniker Carl Ludwig Willdenow (1765–1812) eingehend in Botanik und Naturwissenschaften unterrichtet wurde. Seinerzeit übersetzte H. Carl Peter Thunbergs (1743–1828) Schrift „*De arbore macassariens*“ ins Französische und publizierte ihn unter dem Titel „*Sur le Bohon Upas*“ als seine erste literarische Arbeit, die anonym erschien. 1789 bis 1790 setzte er das Studium an der Universität Göttingen fort, wo H. durch den Anatomen, Anthropologen und Begründer der Zoologie Johann Friedrich Blumenbach (1752–1840) stark beeinflusst wurde. 1790 reiste H. gemeinsam mit dem Naturforscher, Ethnologen und Weltreisenden Georg Forster (1754–1794) nach Belgien, Frankreich, Holland und England. Durch Forster, der an der zweiten Weltumsegelung des Captains James Cook (1728–1779) teilgenommen hatte, wurde H.s Blick erstmals auf die fernen tropischen Länder gelenkt und für Forschungsreisen interessiert. Beeindruckend war für H. bei dieser Reise auch der Besuch von Kew Gardens und die Bekanntschaft mit dem Botaniker Sir Joseph Banks (1742–1820). Nach dem Studium der Ökonomie an der Handelsakademie von Johann Georg Büsch (1728–1800) in Hamburg in den Jahren 1790 und 1791 nahm H. von 1791 bis 1792 ein Studium der Geologie, Mineralogie und Montanwissenschaft an der Bergakademie in Freiberg auf, wo er den Unterricht von Abraham Gottlob Werner (1749–1817), dem Begründer der Geognosie, mit größtem Interesse folgte. Die Studienfreunde Leopold von Buch (1774–1853), Ernst Friedrich von Schlotheim (1764–1832), Andrés del Rio (1764–1849) und vor allem Johann Carl Freiesleben (1774–1846) gehörten in Freiberg zu seinen engsten Freunden. Eine literarische Frucht seines achtmonatigen Aufenthaltes im Erzgebirge war die *Flora subterranea Fribergensis*, Berlin 1793, in der er sich mit den Kryptogamen, mit den in den Bergwerken wachsenden Pilzen, beschäftigte. Im Anschluss an seine Studien der Bergbauwissenschaften wurde H. als Assessor bei den erst 1791 von Preußen erworbenen fränkischen Bergrevieren in Ansbach, Bayreuth und Wunsiedel angestellt und 1792 zum Oberbergmeister ernannt. Neben dieser verantwortungsvollen Tätigkeit fand er noch Zeit, sich mit botanischen, anatomischen und physiologischen Studien zu beschäftigen. Auch unternahm er mehrere Reisen u.a. nach Jena, wo er mit Goethe und Schiller zusammentraf, nach Reichenhall, Berchtesgaden zu den Salinen nach Hallein. Obwohl H. 1795 zum Oberbergrat ernannt worden war, schied er 1797 aus dem preußischen Staatsdienst aus, um seine umfangreichen Reisepläne verwirklichen zu können. Nach dem Tod seiner Mutter war H. in den Besitz eines großen Vermögens gekommen, welches es ihm erlaubte, eine große private Wissenschaftsexpedition zu organisieren. Ziel seiner Forschungsreise war Westindien von Mexiko bis Kolumbien und Guayana. In Jena bereitete er sich für diese Tropenreise bei dem Botaniker August Batsch (1761–1802), dem Anatomen Justus Christian Loder (1753–1832) und dem Astronomen Franz Xaver von Zach (1754–1832) vor, indem er sich besonders im Gebrauch geodätischer und astronomischer Instrumente übte. Längere Aufenthalte in Dresden, Wien, Salzburg, Prag, Stuttgart und Paris dienten gleichfalls der Vorbereitung seiner Forschungsreise. Der zwischen Frankreich und England ausgebrochene Seekrieg vereitelte jedoch den Plan einer Westindienreise ebenso, wie der Ägyptenfeldzug Napoleons eine Alternativexpedition an den Oberlauf des Nils scheitern ließ. Angefreundet mit dem französischen Arzt und Botaniker Aimé Bonpland (1753–1858) begab sich H. 1799 nach Madrid, um sich beim König eine uneingeschränkte Aufenthaltserlaubnis für die sonst für Ausländer streng gesperrten spanischen Kolonien in Süd- und Mittelamerika zu erwirken. Am 5. Juni 1799 brachen H. und Bonpland mit der Fregatte „Pizarro" ihre Reise zum Orinoko, in die Anden (Peru), nach Mexiko und Kuba auf. Im Jahre 1804 erfolgte ihre Rückkehr über die USA und Paris mit einer ungeheuren Fülle an Forschungsergebnissen, deren Auswertung den Rest von H.s Leben in Anspruch nehmen sollte. Von 1805 bis 1807 hielt sich H. in Berlin auf, wo ihn sein ehemaliger Lehrer Carl Ludwig Willdenow bei der Bearbeitung der großen Menge des mitgebrachten Pflanzenmaterials unterstütze. Da ihm die wissenschaftlichen Institute in Paris für die Auswertung der Forschungsergebnisse wesentlich günstigere Bedingungen boten, als sie in Berlin gegeben waren, übersiedelte H. 1808 nach Paris, wo er sich mit nur kurzen Unterbrechungen die beiden folgenden Jahrzehnte bis 1827 aufhielt. In dreißig umfangreichen Bänden, für deren Herausgabe H. fast sein gesamtes Privatvermögen opferte, gab H. von 1805 bis 1834 sein Hauptwerk – die *Voyages aux régionséquinoctiales du Nouveau Continent* – heraus, von denen sich allein 14 Bände mit den botanischen Forschungsergebnissen befassen. 1827 wurde H. als königlicher Kammerherr an den Preußischen Hof gerufen. Von nun an hielt er viele öffentliche Vorlesungen über die Physische Geographie der Erde. 1829 unternahm H. im Auftrag des russischen Zaren eine Forschungsreise in den Ural und ins Altai-Gebirg. Dabei legte er mit einem Wagen 15.000 Kilometer zurück! 1830 bis 1831 weilte H. nochmals zur Auswertung dieser Reise in Paris, war dann aber bis zu seinem Tode vorwiegend in Berlin ansässig. In Deutschland erlangte H. vor allem mit seinen Werken *Ansichten der Natur* und *Kosmos* außerordentliche Popularität. Zusammen mit Bonpland vermochten H.s Forschungen die Botanik u. a. um die Bestimmung von 3.600 neuen Pflanzenarten zu bereichern.

Lit.: NISSEN 1951, Bd. II, S. 88; – MÄGDEFRAU 1992, S. 117-124; – JAHN 2002, S. 859-860

INGENHOUSZ (vgl. Abb. 64)

Jan (Johannes Ingen-Housz) Ingenhousz (*8. Dezember 1730 Breda; †7. September 1799 Bowood Park/Wiltshire) war ein niederländischer Arzt und Botaniker. Er gilt als Begründer der Photosyntheseforschung und Verfechter der Pockennschutzimpfung. Als Sohn eines Apothekers kam I. früh mit dem britischen Feldarzt Sir John Pringle (1707–1782) in Berührung, durch den sein Interesse an der Medizin geweckt wurde. 1748 begann I. sein Medizinstudium an der Universität Löwen, das er 1753 mit dem Dr. med. abschloss, um sich anschließend weiter an den Universitäten Leiden, Paris und Edinburgh, u. a. bei den Ärzten Pieter van Musschenbroeck (1692–1761) und Hieronymus David Gaubius (1705–1780), fortzubilden, bevor er sich 1755 in Breda als Hausarzt niederließ. Nach dem Tod des Vaters ging I. 1765 auf Einladung Pringels nach England, wo seinerzeit eine große Pockenepidemie wütete, die er durch die neue Gewinnung des Serums mit noch lebenden Viren zu bekämpfen begann. Aufgrund seines Erfolges in dieser Kampagne lud ihn Kaiserin Maria Theresia 1677 nach Wien ein, da bereits drei ihrer Kinder an den Pocken verstorben waren. Die erfolgreiche Impfung zahlreicher Kinder und der kaiserlichen Familie trugen I. von 1768 bis 1779 die hochdotierte Stellung des Leibarztes der kaiserlichen Familie ein. Schon 1775 hatte sich I. mit Agatha Maria Jacquin, der

Schwester des Wiener Botanikers Nikolaus Joseph von Jacquin (1727–1817), vermählt. Während seiner Wiener Zeit führte I. seine bedeutenden pflanzenphysiologischen Untersuchungen durch, bei denen er die Kohlenstoffassimilation und Atmung der Pflanzen sowie die Schwärmsporen bei Algen entdeckte. Er war der erste, der aufzeigte, dass Licht für die Photosynthese in Pflanzen nötig war, und er stellte fest, dass bei diesem Prozess die Pflanzen das von den Menschen und Tieren ausgeatmete Kohlendioxid in Sauerstoff umwandeln. Diese Erkenntnisse fanden ihren Niederschlag in seinem ersten Hauptwerk *Experiments upon Vegetables Discovering their Great Power of Purifying the Common Air in the Sunshine and of Injuring it in the Shade and at Night, to which is Joined a New Method of Examining the Accurate Degree of the Atmosphere,* London 1779. Von 1777 bis 1778 hielt sich I. wieder in seiner holländischen Heimat und in England auf, lebte 1780 in Paris und danach 1789 in Wien. Von dort kehrte er über Paris und die Niederlande endgültig nach London zurück
Lit.: MÄGDEFRAU 1992, S. 107-109; – JAHN 2002, S. 858

JUNGIUS (vgl. Abb. 41)
Joachim Jungius (eigentlich Joachim Junge; *22. Oktober 1587 Lübeck; †23. September 1657 Hamburg) war ein deutscher Mathematiker, Physiker und Philosoph. Nach seiner Schulausbildung am Katharineum zu Lübeck studierte J. von 1606 bis 1608 in Rostock Metaphysik und danach in Gießen, wo er den Grad eines Magister artium erwarb. Danach erhielt J. 1609 eine Professur für Mathematik an der Universität Gießen, die er bis 1614 innehatte. Nach seiner Rückkehr nach Lübeck 1615 nahm J. 1616 an der Universität Rostock das Studium der Medizin auf, das er 1619 mit dem Erwerb des medizinischen Doktorgrades an der Universität Padua abschloss. Von 1619 bis 1623 und 1625 übte J. in Braunschweig bzw. in Wolfenbüttel eine medizinisch-praktische Tätigkeit aus. 1622 gründete J. mit der *Societas ereunetica sive zetetica* (1622–1625) in Rostock die erste naturwissenschaftliche Gesellschaft nördlich der Alpen. Von 1624 bis 1625 und von 1626 bis 1628 wirkte J. erneut als Professor der Mathematik an der Rostocker Universität, unterbrochen durch eine kurze Phase

des Wirkens als Professor der Medizin an der Academia Julia in Helmstedt. 1629 zog J. nach Hamburg, um dort als Rektor und Professor für Naturlehre am Akademischen Gymnasium zu wirken und gleichzeitig bis 1640 auch am dortigen Johanneum das Rektorenamt auszuüben. J. war eine äußerst einflussreiche Lehrerpersönlichkeit seiner Zeit. Er war mit dem Philosophen, Theologen und Pädagogen Johann Amos Comenius (1592–1670) und dem Didaktiker und Pädagogen Wolfgang Ratichius (1571–1635) befreundet. J. forderte in den Wissenschaften induktive und experimentelle Methoden des Erkenntnisgewinns. Außerdem schuf er eine botanische Terminologie und entwarf Prinzipien der botanischen Klassifikation, die allerdings erst nach seinem Tode durch seine Schüler veröffentlich wurden.
Lit.: JAHN 2002, S. 867

KNOOP (vgl. Abb. 29)
Johann Hermann Knoop (*[unsicher] 1706 bei Kassel; †[unsicher] 4. August 1769 Amsterdam) war ein deutscher Gärtner. Er ist der Autor der *Pomologia*, des ersten Werks zur systematischen Obstsortenkunde, und gilt damit als Begründer der wissenschaftlichen Pomologie. Zwischen 1700 und 1706 wurde K. als Sohn des Verwalters des Fürstlichen Lustgartens des Landgrafen von Hessen-Kassel (1654–1730) in Freienhagen an der Fulda in Kassel geboren und kam dadurch schon von Kindesbeinen an mit dem Gartenbau in Berührung. Um 1730 berief ihn Marie-Luise von Hessen-Kassel (1688–1765), die seit 1709 mit Johann Wilhelm Friso Fürst von Nassau-Dietz (1687–1711), seit 1702 auch Fürst von Oranien, verheiratet war und nach dem frühen Tod ihres Mannes die Statthalterschaft über die Provinzen Friesland, Groningen und Drenthe ausübte, zu sich nach Leeuwarden, um ihn als Gartendirektor für die Anlage und Pflege des Landsitzes Mariënburg zu gewinnen. Neben den Anlagen des dortigen Ziergartens zeichnete K. auch für die umfangreichen Obstpflanzungen verantwortlich, die zu diesem Landsitz gehörten. In seinen Verantwortungsbereich gehörte auch die Kultivierung der Kartoffel, die er erstmals am 13. Dezember 1742 auf der fürstlichen Tafel servieren konnte.1798 veröffentlichte K. in Leeuwarden sein

Hauptwerk, die *Pomologia*, in der auf zwölf Farbtafeln 103 Apfelsorten und auf acht weiteren Farbtafeln 82 Birnensorten in Lebensgröße dargestellt werden. Dieses Werk erlebte mehrere Auflagen und fand eine weite Verbreitung in mehreren Sprachen. Ein zweiter Band der *Pomologie*, der neben Äpfeln und Birnen auch Kirschen und Pflaumen als Obstsorten mit einschloss, erschien 1766. Allerdings fußt dieser zweite Band auf dem Manuskript und den Beobachtungen des Juristen, Legationsrats und Hochfürstlich Sachsen-Meiningischen Konsistorialrats Justus Christoph Zinck (1686–1758). Schon 1753 hatte K. mit der Herausgabe der *Fructologia of beschryving der vrugtbomen en vrugten, die men in de hoven plant en onderhoud*. Leeuwarden, Ferwerda 1763, das 19 Kupferstiche enthält, ein weiteres illustriertes Buch über Obstsorten in Umlauf gebracht und damit die Pomologie als Wissenschaftsdisziplin mit vorbereiten helfen.
Lit.: NISSEN 1951, BD. II, S. 99; – Faksimile: Pomologia, das ist Beschreibungen und Abbildungen der besten Sorten der Aepfel und Birnen, welche in Holland/Deutschland/Frankreich/Engeland und anderwärts in Achtung stehen, und deswegen gebauet werden. Beschrieben, nach dem Leben abgebildet und mit ihren natürlichen Farben erleuchtet, von Johann Hermann Knoop, *Hortulanus (in tempore), Mathematicus et Scientarum Amator*. Aus den Holländischen in das Deutsche übersetzet /von D. Georg Leonhart Huth. Nürnberg, verlegts Johann Michael Seligmann. Anno 1760 und Pomologia, das ist Beschreibungen und Abbildungen der besten Arten der Aepfel, Birnen, Kirschen und einiger Pflaumen, welche in- und ausserhalb Deutschland in Achtung stehen und gebauet werden. Beschrieben, nach der Natur abgebildet und mit ihren natütlichen Farben abgeschildert. Oder, der von Johann Hermann Knoop herausgegebenen Pomologie zweyter Theil. Nürnberg, Im Verlag der Seligmännischen Erben. Anno 1766. Faksimileausgabe: Komet Verlag GmbH, Köln 2009

LINNÉ (vgl. Abb. 42, 50)

Carl von Linné (latinisiert Carolus Linnaeus; vor der Erhebung in den Adelsstand 1756 Carl Nilsson Linnæus; *23. Mai 1707 Råshult /Småland; †10. Januar 1778 Uppsala) war ein schwedischer

Naturforscher, der mit der binären Nomenklatur die Grundlagen der modernen botanischen und zoologischen Taxonomie schuf. Als Sohn eines Predigers bezog L. 1727 die Universität Lund zum Studium der Medizin. Er widmete sich dabei mit besonderem Eifer dem Studium der Botanik und wurde durch den Vortrag *De sexu plantarum* des französischen Botanikers Sébastien Vaillant (1669–1722) erstmals auf die Geschlechtsorgane der Pflanzen gelenkt. Seither bestimmte dieses Thema wesentlich L.s botanische Forschungen, so auch in einem Manuskript *Praeludia Sponsaliorum Plantarum*, das er noch als Student verfasst hatte, mit dem er die Grundlage für sein späteres Wirken legte. 1728 setzte L. sein Studium an der Universität Uppsala fort, wo er den Professor für evangelische Theologie, Sprachforscher, Runenforscher und Botaniker, Olof Celsius (1669–1722), bei seiner Arbeit über die Pflanzen in der Bibel unterstützte. Im Jahre 1730 wurde L. unter dem Anatomen und Botaniker Olof Rudbeck d. J. (1660–1740) als Demonstrator und Aufseher des botanischen Gartens angestellt und begann mit der Bearbeitung der *Bibliotheca botanica* sowie mit dem Entwurf des Gartenkatalogs nach seinem Sexualsystem. 1732 bereiste L. im Auftrag der Wissenschaftlichen Gesellschaft in Uppsala Lappland. Im darauffolgenden Jahr lehrte er in Falun Mineralogie und Probierkunst und besuchte die mittelschwedische Provinz Dalekarlien (heute: Dalarna). Im Jahr 1735 ging L. auf eine Studienreise nach Holland, wo er an der Universität Harderwijk/Gelderland zum Dr. med. promoviert wurde. L. blieb drei Jahre lang in Holland. In dieser Zeit trat er in Gedankenaustausch mit dem an der Universität Leiden wirkenden Mediziner, Chemiker und Botaniker Herman Boerhaave (1668–1738). Auf dessen Empfehlung trat L. in Amsterdam auch mit Boerhaaves Schüler, dem Arzt und Botaniker Johannes Burman (1706–1779), den Leiter des Hortus Botanicus Amstelodamis, in Verbindung. Burmann wiederum war Freund, Leibarzt und Gartenkustos des Kaufmanns, Bankiers und Amateurbotanikers George Clifford III. (1685–1760), der auf seinem Landgut in Hartekamp einen botanischen Garten mit vielen exotischen Pflanzen angelegt hatte. Von 1735 bis 1738 nahm Clifford L. als Leibarzt in seine Dienste und in dieser Funktion vermochte L. die reichen Sammlungen

des Bankiers, dessen Bibliothek, Herbarien und Museum für die eigenen Forschungen und Publikationen zu nutzen. L. beschrieb die Pflanzensammlung Cliffords und gab sie 1737 in Amsterdam unter dem Titel *Hortus Cliffortianus* mit 38 kolorierten Kupferstichen heraus. Zwischendurch unternahm L. mehrere Reisen: so 1736 nach London und Oxford, wo er mit dem irischen Mediziner, Botaniker und Sammler Hans Sloane (1660–1753) zusammentraf. 1737 war L. wieder in Holland zurück und besuchte in Leiden den Botaniker Jan Frederik Gronovius (1686–1762) sowie den Arzt und Botaniker Adriaan van Royen (1704–1779) – seinerzeit Leiter des Botanischen Gartens der Universität – mit dem er gemeinsam diesen *Hortus medicus* nach neuen wissenschaftlichen Gesichtspunkten umgestaltete. 1738 besuchte L. Paris und kehrte danach nach Stockholm zurück, wo er bis 1741 als Arzt zu praktizieren begann. L. war Admiralitätsarzt und Dozent im Bergkollegium. 1739 gehörte L. zu den Mitbegründern der Schwedischen Akademie der Wissenschaften und wurde deren erster Präsident. 1741 berief man L. als Professor für Praktische Medizin und 1742 als Professor für Theoretische Medizin und Direktor des Botanischen Gartens an die Universität Uppsala, wo er bis zu seinem Lebensende wirkte. In dieser Stellung reformierte L. den botanischen Garten, errichtete ein naturhistorisches Museum, gab 1746 seine *Schwedische Fauna* heraus und wurde 1747 zum königlichen Leibarzt ernannt. Forschungsreisen führten L. 1746 nach Westgotland und 1749 nach Schonen. Für seine großen Verdienste um die botanische Wissenschaft wurde L. 1760 nobilitiert. Seither nannte er sich Linné (vorher: Linnäus). L. legte auf seinem 1758 erworbenen Landgut Hammarby große naturwissenschaftliche Sammlungen an. Seine 1735 erstmals in Leiden publiziertes siebenbändiges Hauptwerk *Systema naturae* erlebte noch zu Lebzeiten L.s mindestens zwölf Auflagen sowie zahlreiche Übersetzungen in moderne Sprachen. L.s offizielles botanisches Autorenkürzel lautet „L.“. In der Zoologie werden „LINNAEUS“, „LINNÉ“ und „LINNÆUS“ als Autorennamen verwendet.
Lit.: NISSEN 1951, BD. II, S. 111; – MÄGDEFRAU 1992, S. 67-77; – JAHN 2002, S. 888

MALPIGHI (vgl. Abb. 52)

Marcello Malpighi (*10. März 1628 Crevalcore bei Bologna; †29. November 1694 Rom) war ein italienischer Anatom und Pionier der Mikroskopie, der als Begründer der Pflanzenanatomie und vergleichenden Physiologie gilt. Im Jahre 1635 begann der siebzehnjährige M. das Studium der Philosophie an der Universität Bologna, das er jedoch wieder abbrechen musste, nachdem seine beiden Eltern gestorben waren. Nach einer Unterbrechung von zwei Jahren konnte er seine Studien zwar fortsetzen, musste nun aber ein Fach wählen, mit dem er seine jüngeren Geschwister ernähren konnte. So wählte M. die Medizin und konnte sein Studium mit dem Erwerb des Doktorhutes in der Medizin und in der Philosophie 1653 an der Universität Bologna abschließen. Im darauffolgenden Jahr vermählte er sich mit Francesca Massari, der jüngeren Schwester seines Mentors Professor Massari an der Medizinischen Fakultät der Universität Bologna. Hier lehrte M. drei Jahre lang Logik. Im Jahre 1656 erhielt er den Lehrstuhl für Theoretische Medizin an der Universität Pisa, wo er mit dem Physiker, Mathematiker und Astronomen Giovanni Alfonso Borelli (1608–1679) bekannt wurde, der ihn 1657 in die damals vom Kardinal und Kunstmäzen Leopoldo de` Medici (1617–1675) gegründete Accademia del Cimento (= Akademie des Experiments) – eine Akademie für experimentelle Physik – einführte. In dieser Akademie teilten deren Mitglieder die experimentalen Forschungsmethoden von Galileo Galilei (1564–1642). Nach dreijährigem Wirken in Pisa kehrte M. nach Bologna zurück, um dann von 1662 bis 1666 in Messina zu arbeiten. Anschließend kehrte M. nach Bologna zurück, wurde 1669 Mitglied der Royal Society in London und diente die drei letzten Lebensjahre in Rom als Leibarzt von Papst Innozenz XII. (1615–1700) und als Leiter der Päpstlichen Medizinischen Fakultät. M. nutzte die neue Technik des Mikroskopierens vor allem für Entdeckungen im Bereich der Anatomie, die er in der Medizin, in der Zoologie und in der Pflanzenanatomie einzusetzen wusste, um den Menschen den Blick für den Bau innerer Organe zu öffnen. Neben => Nehemiah Grew gilt M. als Begründer der Pflanzenanatomie und lieferte dabei mit seinem diesbezüglichen Hauptwerk *The Anato-*

my of Plants, 2 Bde., London 1682 einen bedeutsamen Beitrag zur wissenschaftlichen Terminologie in diesem Fachbereich.
Lit.: NISSEN 1951, BD. II, S. 115-116; – MÄGDEFRAU 1992, S. 91-95; – JAHN 2002, S. 895

MEGENBERG (vgl. Abb. 14)
Konrad von Megenberg, auch Konrad von Mengelberg, latinisiert (als „Konrad von Mägdeberg") auch Conradus de Montepuellarum (*1309 Mäbenberg zu Georgensmünd bei Nürnberg; †nach dem 14. April 1374 Regensburg) war ein deutscher Weltgeistlicher und Autor von 22 lateinischen Schriften, die hagiographische, theologische, moralphilosophische und vor allem in seinem Hauptwerk, dem *Buch der Natur*, naturkundliche Themen behandeln. Als Sohn eines Ministerialen kam M. bereits im Alter von sieben Jahren als Schüler nach Erfurt. Hier fand er später Gelegenheit, sich seinen Lebensunterhalt durch Nachhilfestunden zu verdienen. Am zisterziensischen Kollegium St. Bernhard erhielt er eine Stelle als Lektor. Diese Stellung ermöglichte es ihm, ein Studium der Artes liberales an der Sorbonne in Paris zu absolvieren und dort den Grad eines Magisters zu erwerben. Von 1334 bis 1342 lehrte M. an der Pariser Universität, danach verließ er wegen eines akademischen Streits Paris und ging nach Wien, um dort das Amt eines Rektors an der Stephansschule – dem Vorläufer der Wiener Universität – zu übernehmen. Seine in Deutsch verfassten Werke hatte M. vermutlich für den Gebrauch in der Stephansschule verfasst. 1342 ging M. nach Regensburg, nachdem ihm schon ein Jahr vorher bei einer Reise nach Avignon ein Kanonikat in der oberpfälzischen Stadt angeboten worden war, welches er nun annahm. Zunächst an der dortigen Domschule als Lehrer beschäftigt, trat er 1357 die Stelle des Dompfarrers von St. Ulrich an, die er vier Jahre lang ausübte. Als Domherr blieb M. bis zu seinem Tode in Regensburg. Die Regensburger Schaffenszeit von 1348 bis 1354, als M. an der Domschule unterrichtete und nun Werke vollendete, zu denen er bereits in Wien große Vorarbeiten geleistet hatte, gilt als die produktivste Schaffensphase in seinem Leben. In diese Phase fällt auch sein naturwissenschaftliches Hauptwerk, das für Laien bestimmte *Buch der Natur* (oder:

Buch von den natürlichen Dingen), das als erstes systematisiertes, deutschsprachiges Wissenskompendium über die geschaffene Natur gilt, wobei dem Verfasser vor allem das *Liber de natura rerum* des Theologen, Naturforschers und Enzyklopädisten Thomas von Cantimpré (1201–1270/72) als Vorlage und Quelle diente. Vor allem nach der Erfindung des Buchdrucks 1450 durch Johannes Gutenberg (um 1400–1468) erlangte M.'s Werk große Bedeutung und Verbreitung unter dem Titel *Naturbuch*, als es 1536 und 1540 mit Holzschnittillustrationen versehen, in Frankfurt erschien.
Lit.: Helmut Ibach: Leben und Schriften des Konrad von Megenberg, Berlin 1938; – NISSEN 1951, BD. II, S. 122

MILLER (vgl. Abb. 45, 47)
John Sebastian Miller, ursprünglich Johann Sebastian Müller, auch John Miller, (*1715 Nürnberg; †um 1790) war ein deutsch-britischer Naturforscher und Illustrator. Nachdem M. in Nürnberg bei dem Kupferstecher, Kunstliebhaber und Verleger Johann Christoph Weigel (1661–1726) das Handwerk des Kupferstichs gelernt und auch die Botanik studiert hatte, übersiedelte er mit seinem Bruder Tobias nach England und ließ sich in London nieder. So wurde M. in der neuen Wahlheimat von Philip Miller (1691–1771), dem Gärtner, Botaniker und Vorsteher des Chelsea Physic Garden, aber auch von John Stuart, 3rd Earl of Bute (1713–1792), dem Staatsmann, Premierminister und Amateurbotaniker, zur Illustration von deren Werken in Anspruch genommen, so etwa für Stuarts Prachtbände *Botanical Tables Containing the Different Familys of British Plants*, 9 Bände, London um 1785, die nur in zwölf Exemplaren gedruckt wurden. Selbst verfasste M. auch ein reiches botanisches Werk in Subskription mit Illustrationen unter Verwendung des Klassifikationssystems von => Linné, welches er u. a. von 1770 bis 1777 in zwei Bänden mit insgesamt 108 kolorierten Kupferstichen in London unter dem Titel *Illustratio systematis sexualis Linnaei* [...] herausgab. M. war zweimal verheiratet und hatte 27 Kinder, von denen zwei Söhne, John Frederick (1759–1796) und James (LU), ebenfalls Zeichner und Naturforscher wurden. M.s offizielles botanisches Autorenkürzel lautet „J.S.MUELL."
Lit. – NISSEN 1951, BD. II, S.30 und 126

PFEFFER (vgl. Abb. 65)
Wilhelm Friedrich Philipp Pfeffer (*9. März 1845 Grebenstein bei Kassel; †31. Januar 1920 Leipzig) war ein deutscher Botaniker und Pflanzenphysiologe. Als Sohn eines Apothekers besuchte P. zunächst das Kasseler Kurfürstliche Gymnasium und absolvierte eine Apothekerlehre, die er als 18-jähriger mit der Gehilfenprüfung abschloss. Nachdem sein Vater früh im Knaben das Interesse für Botanik und Naturwissenschaften geweckt hatte, begann P. 1863 an der Universität Göttingen das Studium der Chemie und Pharmazie. Hier hörte P. u.a. Vorlesungen in Chemie bei Friedrich Wöhler (1800–1882) und Rudolph Fittig (1835–1910) sowie in Physik bei Wilhelm Eduard Weber (1804–1891). 1865 promovierte P. über das Thema *Über einige Derivate des Glyzerins und dessen Überführung in Allylen* zum Dr. phil. Kurzzeitig arbeitete P. als Apotheker in Augsburg und ab 1866 in Chur, wo er sich sehr für die Botanik der Alpen interessierte. Anschließend, von 1868 bis 1869, studierte P. Pharmazie an der Universität Marburg und legte 1868 das pharmazeutische Staatsexamen ab. Als Assistent des Botanikers Nathanael Pringsheim (1823–1894) 1869 an der Universität Berlin und ab 1870 bei dem Botaniker Julius Sachs (1832–1897), dem Begründer der experimentellen Pflanzenphysiologie an der Universität Würzburg, durchlief P. nach seiner 1871 erfolgten Habilitation die universitäre Laufbahn bis zum Privatdozenten für Botanik an der Universität Marburg (1871) und 1873 zum außerordentlichen Professor für Pharmakognosie und Botanik an der Universität Bonn. 1877 erfolgte P.`s Berufung zum ordentlichen Professor für Botanik an die Universität Basel, 1878 an die Universität Tübingen und ab 1887 an die Universität Leipzig, wo er auch als Direktor des Botanischen Gartens bis zu seinem Tode wirkte. P. gehörte zahlreichen wissenschaftlichen Gesellschaften als Mitglied an. Durch Julius Sachs in seiner Würzburger Zeit angeregt, widmete sich P. der Untersuchung der physiologischen Vorgänge in Pflanzenzellen und entwickelte mit der Pfefferschen Zelle – einem Membranosmometer – Methoden zur quantitativen Bestimmung des osmotischen Druckes wässriger Lösungen. Gemeinsam mit Julius Sachs gilt P. als Begründer der modernen Pflanzenphysiologie. P.`s offizielles botanisches Autorenkürzel lautet „PFEFF.“.
Lit.: MÄGDEFRAU 1992, S. 264-267; – JAHN 2002, S. 924

THEOPHRASTOS (vgl. Abb. 1)

Theophrastos von Eresos (griechisch Θεόφραστος Theóphrastos; *um 371 v. Chr. zu Eresos auf der Insel Lesbos; †um 287 v. Chr. in Athen; deutsch auch Theophrast) war ein griechischer Philosoph und Naturforscher. T. war ein bedeutender Schüler des => Aristoteles und seit ca. 322 v. Chr. auch dessen Nachfolger als Leiter der peripatetischen Schule in Athen, wo er bis zu seinem Tode blieb. Zunächst war T. Mitglied der Platonischen Akademie, bevor er der philosophischen Schule Peripatos (altgriechisch περίπατος deutsch: Wandelhalle) des Aristoteles, folgte. Nach Aussage des antiken Geschichtsschreibers und Geographen Strabon (63 v. Chr.–23 n. Chr.) hieß T. ursprünglich Tyrtamos; erst Aristoteles verlieh ihm den Namen Theophrastos. Etwa 200 Schriften philosophischen und naturhistorischen Inhalts sind – zum Teil auch nur fragmentarisch – von T. überliefert. T. gilt als erster Gelehrter, der sich intensiv mit der Botanik, besonders mit der Baum- und Holzkunde, beschäftigt hat. Ausschlaggebend für dieses Interesse war der akute Holzmangel im damaligen Athen, der den Schiffbau der Stadt beeinträchtigte und ihr schließlich die Herrschaft über die Seehandelswege in der Ägäis kostete. T.'s Naturgeschichte der Gewächse, deren Quellen überwiegend auf Berichten von Landwirten, Reisenden, Holzhauern und Kohlebrennern beruhen, erlangte große Bedeutung für die weitere Entwicklung der Botanik als wissenschaftlicher Disziplin, weshalb er als Begründer der Dendrologie und als erster Forstwissenschaftler betrachtet wird. Sein besonderes Verdienst liegt darin, dass T. im Bereich der Botanik die Grundlagen für eine klare Begriffsbildung geschaffen hat.
Lit.: MÄGDEFRAU 1992, S. 7-10; – JAHN 2002, S. 971

WEIDITZ (vgl. Abb. 19)

Hans II. Weiditz (Wyditz; *um 1500 Straßburg; †1536 Freiburg im Breisgau) war ein deutscher Maler und Zeichner für den Holzschnitt. In einem undatierten, um 1530/34 verfassten Verzeichnis der Mitglieder der Zunft zur Stelze in Straßburg wird W. als Meister bezeugt, der in beiden Ausgaben der Herbarbilder des => Otto Brunfels als deren Zeichner genannt wurde. Etwa 1514 begann W.s Lehrzeit in Straßburg. Als Wandergeselle kam W. 1518

nach Augsburg, wo er in der Werkstatt von Hans Burgkmair d. Ä. (1473–1521) arbeitete und dort u. a. Buchillustrationen für klassische, wissenschaftliche und religiöse Literatur fertigte. Unter dem Einfluss Burgkmairs fand W. rasch zu seinem eigenen Stil in den Holzschnitten zu Francesco Petrarcas (1304–1374) V*on der Artzney bayder Glück / des guten vnd widerwertigen*, Band 1. Nach dessen Vollendung beschäftigte sich W. mit dem Studium von Dürers Werken, wodurch sich eine Geschmeidigkeit im eigenen Stil entwickelt. Im Sommer 1522 brach W. seine Tätigkeit in Augsburg ab und kehrte zurück nach Straßburg, wo er Meister wurde. Hier wurde W. vor allem Schöpfer ausdrucksreicher Schnittfolgen. W.s Zeichnungen und Schnitte – Gemälde wurden nicht überliefert – zeichnen sich sämtliche durch die Schärfe ihrer Beobachtung aus, sodass das *Kräuterbuch* von Otto Brunfels zu einem mit den Mitteln des Holzschnitts nicht zu überbietenden Meisterwerk scharfsichtigster Naturbeobachtung wurde. 1930 entdeckte der Schweizer Botaniker und Mykologe Walther Rytz (1882–1966) im Botanischen Institut der Universität Bern Pflanzenaquarelle, die er Hans W. zuschreiben konnte. Sie hatten dem Buchillustrator 1529 als Vorlagen zu Brunfels *Kräuterbuch* gedient.
Lit.: Walther Rytz: Die Pflanzenaquarelle des Hans Weiditz aus dem Jahre 1529. Die Originale zu den Holzschnitten im Brunfeld'schen Kräuterbuch, Bern 1936; – THIEME/BECKER, BD. XXXV, S. 269-271; – MÄGDEFRAU 1992, S.24, 40, 45, – LACK 2001, S. 32

WONNECKE (vgl. Abb. 15)

Johann Wonnecke von Kaub (*um 1430 Kaub am Rhein; †1503/04 Frankfurt/Main), auch Johann[es] Dronnecke bzw. Johannes de Cuba (er selbst nannte sich „Johan von Cube") war ein deutscher Arzt und Botaniker. W. wurde in der Gegend des Mittelrheins, vermutlich in Kaub, geboren und studierte seit dem Wintersemester 1448 an der Universität Köln und seit 1451 an der Universität Erfurt, wo er 1453 den Grad eines Baccalaureus artium erwarb und später den Grad eines Magisters der Medizin erlangte. W. wurde Leibarzt Adolfs II. von Nassau (1423–1475), Erzbischof von Mainz, des Administrators des Erzstiftes Adalbert von Sachsen

(1467–1484) und des Grafen Eberhard III. von Eppstein (†1475) sowie anderer Adliger. 1484 erfolgte W.s Anstellung als Stadtarzt in Frankfurt am Main., wo er 1503 das Bürgerrecht erhielt. Die Initiative zu dem ersten gedruckten Kräuterbuch in deutscher Sprache, dem *Gart der Gesundheit* (Garten der Gesundheit), ging vom Domherrn zu Mainz und Dekan der dortigen Universität, Dr. iur. Bernhard von Breidenbach (um 1440–1497), aus. Im Zusammenwirken mit Peter Schöffer (um 1425–1503), dem ehemaligen Mitarbeiter von Johannes Gutenberg (um 1400–1468), des Erfinders des Buchdrucks mit beweglichen Lettern, und mit dem Utrechter Zeichner Erhard Rewich (Reuwich, um 1445–vor 1505) beauftragte Breidenbach den Frankfurter Stadtarzt W. mit dem Verfassen eines Kräuterbuchs, das die spätmittelalterliche Kenntnis der Naturkunde, vor allem der Heilpflanzen, zusammenfassen sollte. Den Text zu diesem Kräuterbuch hatte W. aus verschiedenen deutschen und lateinischen Quellen – z. B. aus => Konrad von Megenbergs *Buch der Natur,* aus der *Physica* der Hildegard von Bingen (1098–1179), aus Odo Magdunensis (lebte im 11. Jh.) *Macer floridus* und aus den medizinischen Schriften von => Dioskurides, Galen (128/131 n. Chr. – 199/216 n. Chr.) sowie Albertus Magnus (um 1200–1280) – bereits 1483 zusammengestellt und dem Verleger übergeben. In 435 Kapiteln beschrieb W. 382 Pflanzen, 25 Drogen aus dem Tierreich und 28 Mineralien. Dieses Kompilationswerk sollte auch mit Holzschnittillustrationen ausgestattet werden, wofür aber noch die botanische Ausbeute einer Pilgerreise ins Heilige Land mit einbezogen werden sollte, die Bernhard von Breidenbach zusammen mit dem Zeichner Erhard Rewich im Jahre 1483 unternahm. Unter dem Titel *Herbarius* legte W. bereits 1484 ein medizinisches Kräuterbuch vor, das dann zur Frankfurter Frühjahrsmesse 1485 in hochdeutscher Sprache als *Ortus sanitatis*, auf teutsch ein *gart der gesuntheit* erschien. Entgegen der ursprünglichen Planung gehen aber nur etwa ein Viertel der Holzschnitte dieser Ausgabe auf Rewich zurück, denn dessen Zeichnungen von den mediterranen Pflanzen konnten nicht mehr in diese Auflage mit aufgenommen werden.

Lit.: LACK 1987, S. 22-23

Literatur

BARY 1861
A. de Bary: Anzeige. Entwicklungsgeschichtliche und morphologische Wachsmodelle, in: Flora. No. 4. Regensburg, 28. Januar 1861.

BESLER 2007
Basilius Besler: Der Garten von Eichstätt. Die vollständigen Tafeln. Hong Kong, Köln, London, Los Angeles 2007

BOVEY 2005
Alixe Bovey: Tacuinum Sanitatis, An Early Renaissance Guide to Health, London 2005

BUCCHI 1998
Massimiano Bucchi: Images of Science in the Classroom: Wallcharts and Science Education 1850–1920, in: The British Journal of the History of Science, 31/1998/June, p.161-184.

BUSCHENDORF-OTTO/WOLFGRAMM/RADANDT 1959
Gisela Buschendorf-Otto, Horst Wolfgramm, Irmgard Radandt (Hg.): Weltall, Erde, Mensch. Berlin 1959

DAHLENBURG 2011
Birgit Dahlenburg (Hg.): Wissen sammeln. Die digitalisierten Schätze der Greifswalder Universität. Sammlungsobjekte der Botanik, Zoologie sowie Ur- und Frühgeschichte. Greifswald 2011

EFFINGER/ZIMMERMANN 2009
Maria Effinger, Karin Zimmermann (Hg.): Löwen, Liebstöckel und Lügensteine. Illustrierte Naturbücher seit Konrad von Megenberg. Heidelberg 2009

GESSNER 1561
Conrad Gessner: De hortis Germaniae liber, Straßburg 1561

GROTZ 2014
Kathrin Grotz: Das „Flair der echten Pflanzen". Botanische Modelle und Kleindioramen im Botanischen Museum Berlin-Dahlem, in: David Ludwig, Cornelia Weber, Oliver Zauzig (Hg.): Das materielle Modell. Objektgeschichten aus der wissenschaftlichen Praxis. Paderborn 2014, S. 171-177.

GROTZ 2015
Kathrin Grotz (Hg.): Modellschau. Perspektiven auf botanische Modelle. Berlin 2015

HUBER 2014
Florian Huber: Seeanemonenmodelle der Werkstatt Blaschka, in: David Ludwig, Cornelia Weber, Oliver Zauzig (Hg.): Das materielle Modell. Objektgeschichten aus der wissenschaftlichen Praxis. Paderborn 2014, S. 299-303.

JAHN 2002
Ilse Jahn (Hg.): Geschichte der Biologie. Theorien, Methoden, Institutionen, Kurzbiographien. Heidelberg, Berlin 2002 (3. neubearbeitete und erweiterte Aufl.)

LACK/LACK 1985
E. Lack, H. W. Lack: Botanik und Gartenbau in Prachtwerken. Berlin, Hamburg 1985

LACK 1987
Hans Walter Lack: 100 botanische Juwelen. Berlin 1987

LACK 2001
H. Walter Lack: Ein Garten Eden. Meisterwerke der botanischen Illustration, Köln, London, Madrid et. al. 2001

LACK 2009
H. Walter Lack: Alexander von Humboldt und die botanische Erforschung Amerikas. München, Berlin, London, New York 2009

LECHTREK 2003
H.- J. Lechtrek: A History of Some Fruit Models in Wax and Other Materials: Scientific Teaching Aids and Courtly Table Decoration, in: Archives of Natural History, 30/2003/2, S. 299-316.

LEU 2016
Urs B. Leu: Conrad Gessner (1516–1565): Universalgelehrter und Naturforscher der Renaissance. Zürich 2016

LUDWIG/WEBER/ZAUZIG 2014
David Ludwig, Cornelia Weber, Oliver Zauzig (Hg.): Das materielle Modell: Objektgeschichten aus der wissenschaftlichen Praxis. Paderborn 2014

MÄGDEFRAU 1992
Karl Mägdefrau: Geschichte der Botanik. Leben und Leistung großer Forscher. Stuttgart, Jena, New York 1992

MALPIGHI 1675
Marcello Malpighi: Anatome plantarum. I–II, London 1675

NIEDERSÄCHSISCHES LANDESMUSEUM 2011
Niedersächsisches Landesmuseum Hannover (Hg.): Die Obstmodelle aus dem Provinzial-Museum Hannover mit aktuellem Bestandskatalog des Landesmuseums Hannover. Eine kulturgeschichtliche Spurensuche zu den Obstkabinetten aus drei Jahrhunderten. Hannover 2011

NISSEN 1951
Claus Nissen: Die botanische Illustration. Ihre Geschichte und Bibliographie. Bd 1: Geschichte; Bd. II: Bibliographie. Stuttgart 1951

NYFFELER 2016
Reto Nyffeler: Conrad Gessner als Botaniker, in: Urs B. Leu, Mylène Ruoss (Hg.): Facetten eines Universums. Conrad Gessner 1516–2016, Zürich 2016, S. 163-174.

RIEDL-DORN 1989
Christa Riedl-Dorn: Die grüne Welt der Habsburger. Botanik-Gartenbau-Expeditionen-Experimente. Wien 1989

ROBIN 1992
Harry Robin: Die wissenschaftliche Illustration. Von der Höhlenmalerei zur Computergraphik. Basel, Boston, Berlin 1992

SCHIRAREND/HEILMEYER 1996
Carsten Schirarend, Marina Heilmeyer: Die Goldenen Äpfel. Wissenswertes rund um die Zitrusfrüchte. Berlin 1996

SCHLUP 2009
Michel Schlup: L'illustration botanique du XVIIe au XIXe de la Bibliothèque. Neuchâtel 2009

SELTZER 2004
Andreas Seltzer: Das Leben der Modelle, in: MuseumsJournal, Nr. 1, 18. Jg., Januar 2004, S. 8-11

SIMPSON/BARNES 2007
Niki Simpson, Peter Barnes: Digital Diversity a new Approach to Botanical Illustration, Berlin 2007

STIFTUNG SCHLOSS MOYLAND 2004
Stiftung Schloss Moyland u.a. (Hg.): Pflanzenkunde im Mittelalter. Das Kräuterbuch von 1470 der Wasserburgen Anholt und Moyland. Bedburg-Hau 2004

THIEME/BECKER
Ulrich Thieme (Hg.): Allgemeines Lexikon der bildenden Künstler von der

Antike bis zur Gegenwart. Begründet von Ulrich Thieme und Felix Becker. Bd. 1-36; Leipzig 1907–1950

UNIVERSITÄTSBIBLIOTHEK JOHANN CHRISTIAN SENCKENBERG/ MUSEUM GIERSCH 2009
Universitätsbibliothek Johann Christian Senckenberg und Museum Giersch (Hg.): Die Entdeckung der Pflanzenwelt. Botanische Drucke vom 5. bis 19. Jahrhundert aus der Universitätsbibliothek Johann Christian Senckenberg. Frankfurt/Main 2009

VISENTINI 1995
Margherita Azzi Visentini: Botanischer Garten, Padua, in: Margherita Azzi Visentini (Hg.): Die Gärten des Veneto. München 1995, S. 93-95.

VOGEL 2014
Gerd-Helge Vogel: Wie kamen die Pflanzen in die Malerei? Zur botanischen Darstellung in der europäischen Kunst zwischen Spätgotik und Biedermeier, in: Gerd-Helge Vogel (Hg.): Pflanzen, Blüten, Früchte. Botanische Illustrationen in Kunst und Wissenschaft. Berlin 1914, S. 9-86.

VOGEL 2016
Gerd-Helge Vogel: Ferdinand Jühlke (1815–1893). Ein Leben für den Garten(bau). Vom Pommerschen Krummstiel bis Sanssouci. Kiel 2016

Abbildungen

1. Porträtbüste des Theophrastos von Eresos, Rom, Villa Albani (Foto: Alinari)
2. Schlafmohn (Papaver somniferum L.), aus der Handschrift von Dioskurides „De materia medica“ nach dem Wiener Codex Aniciae Julianae, vor 512, Österreichische Nationalbibliothek Wien, HAN: Cod. Med. gr. 1, f 221v (Foto: gemeinfrei)
3. Antonia ovata Pohl. Von J. E. Pohl auf seiner Brasilienreise in der Provinz Rio de Janeiro gesammeltes Herbarmaterial, in: KK Naturhistorisches Museum Wien, Botanische Abteilung (aus: RIEDL-DORN 1989, S. 54)
4. Autorenbild des griechischen Arztes Pedanios Dioskurides aus der mittelalterlichen Handschrift Medicina antiqua, ca. 1250, Wien, Österreichische Nationalbibliothek: Codex Vindobonensis 93, fol. 133 recto (Foto: gemeinfrei)
5. Nicolas Robert (1614–1685): Sonnenblume (Helianthus annuus L.), Paris, um 1650, Rötelstift auf Papier, aus dem Skizzenbuch A, Österreichische Nationalbibliothek, HAN: Codd. Min 4, f 82 (aus: LACK 2001, S. 99)
6. Monogrammist: C. B.: Silberdistel (Carlina acaulis), ursprüngliche Bezeichnung: Grande Carline. Carlina, acantos magno flore, purpureo, Paris, ca. 1670, aus dem Florilegium des Prinzen Eugen von Savoyen, Österreichische Nationalbibliothek Wien, HAN: Cod. Min 53, vol. IV, f. 157 (aus: LACK 2001, S. 125)
7. Bartolomeo Bimbi (1648–1730): Girasole gigante, (Sonnenblume in gefüllter Sorte (Helianthus annuus L.), 1721, Öl/Holz, 101 x 78 cm, Poggio a Caiano, Museo della Natura Morta (Foto: gemeinfrei)
8. Veit Rudolf Speckle nach Heinrich Füllmaurer oder Albrecht Meyer: Weiße Seerose (Nymphea alba), 1543, kolorierter Holzschnitt aus: Leonhart Fuchs: New Kreüterbuch ..., Basel 1543, Taf. 301.
9. Friedrich Guimpel (1774–1839): Echter Feigenbaum (Ficus carica), 1825, kolorierter Kupferstich, aus: Friedrich Gottlob Hayne: Abbildungen der fremden, in Deutschland ausdauernden Holzarten. Berlin 1825, Taf. 108
10. David Heinrich Hoppe (1760–1846): Schwarzer Holunder, (Sambucus nigra), Selbstdruck, aus: Derselbe: Ectypa plantarum ratisbonensum oder Abdrücke derjenigen Pflanzen, welche um Regensburg wild wachsen, Regensburg 1787–1793, Taf. T 642
11. Lilian Snelling (1879–?): Blauer Mohn aus Tibet (Meconopsis betonicifolia), Farblithographie, aus: Curtis's Botanical Magazine, vol. 153, London 197, Taf. 9185
12. Sonnenblume (Helianthus annuus L.), (Foto: Autor)
13. Niki Simpson: Rotbuche, (Fagus sylvatica), vor 2007, digital erstelltes Habitusbild, aus: SIMPSON/ BARNES 2007, p. 6-7)
14. Konrad von Megenberg: Buch von den natürlichen Dingen. Augsburg 1482, Eingangsholzschnitt zum Kapitel Kräuter, Staatsbibliothek Preußischer Kulturbesitz Berlin, 4° Inc. 128
15. Johannes von Cuba: Gart der Gesundheit (Hortus sanitatis), Ulm 1487, Akelei Kap. 162, Bl. M4b, UB Heidelberg, P 2460-2-4- qt. INC
16. Viole/Veilchen (Viola), Aquarell auf Pergament, aus: Tracinum Sanitatis, Liechtenstein Codex, Taf. XI, British Library, London, (aus: BOVEY 2005, S. 43)
17. Hans Baldung Grien: Porträt Otto Brunfels, 1535, Holzschnitt, aus: Annotationes in quator Evangelia et Acta Apostolorum (Foto: gemeinfrei)

18. De violis rhapsodia/Veilchen (Viola), aus: Otto Brunfels: Herbarium viviae eicones. Straßburg 1532, Staatsbibliothek Preußischer Kulturbesitz Berlin, 4° Inc. 128
19. Hans Weiditz (*vor 1500, †nach 1536): Gänseblümchen und Wilde Ochsenzunge, 1529, Aquarell, Tusche auf Papier, auf Karton montiert, Burgerbibliothek Bern, Inv.-Nr. Es 71 fol. 45 (Foto: Burgerbibliothek Bern)
20. J. Ph. Tomasini: Grundriss des Botanischen Gartens von Padua, Kupferstich aus: Gymnasium patavinum. Udine 1654 (aus: VISENTINI 1995, S. 93)
21. Unbekannter Künstler: Joachim Camerarius der Jüngere, vor 1598, Kupferstich (Foto: gemeinfrei)
22. Joseph Karl Stieler (1781–1858): Bildnis Alexander von Humboldt, 1843, Öl/Lw., 107 x 87 cm, SSGPK, Potsdam, Schloss Charlottenhof (Foto: gemeinfrei)
23. Ansicht des Botanischen Gartens zu Uppsala, 1770, Kupferstich, (Foto: gemeinfrei)
24. Francesco Valenti-Serini (1795–1862): Didaktisches Reliefpaneel mit Pilzmodellen, z. T. im Längsschnitt aus glasiertem Terrakotta, Museo della Accademia die Fisiocritici, Siena (aus: GROTZ 2015, S. 31)
25. Leopold Trattinnick (1764–1849) Zwei Morcheln (Morchella continua; Morchell patula) aus dem „Mycologischen Cabinett" der Fungi austriaci, ed 2, ca. 1830, Wachs, Österreichische Nationalbibliothek Wien, POR 256.034_C Fid, m 11, 12. (aus: LACK 2001, S. 442)
26. Satanspilz (Boletus satanas Lenz), Riesenfundexemplar 2015, gefriergetrocknetes Demonstrationsmodell der Fa. A. Hedinger, Windhaus-Labortechnik GmbH& Co. KG, Clausthal-Zellerfeld
27. Johann Bartholomaeus Bellermann: Abbildungen zum Cabinett der vorzüglichsten in- und ausländischen Holzarten, Erfurt, 1788, Österreichische Nationalbibliothek Wien, POR 250.976-D (aus: LACK 2001, S. 199)
28. Peter Simon Pallas (1741–1811): Ligna Rufica colorata, aus: Flora rossica, St. Petersburg 1784–1789, kolorierter Kupferstich, Österreichische Nationalbibliothek Wien, SIAWD 177.zoz_D, t. C (aus: LACK 2001, S. 195)
29. Kirschsorten, aus: Johann Hermann Knoop: Fructologia of beschryving der vrugtboomen en vrugten die men in de hoven plant en anderhoud, Leeuwarden 1763, Kupferstich (Foto: gemeinfrei)
30. Apfel-Modelle des Sickler'schen Obstcabinetts aus der Sammlung Hess (aus: NIEDERSÄCHSISCHES LANDESMUSEUM 2011, Abb. 32)
31. Der versteinerte Wald aus dem Perm im Naturkundemuseum Chemnitz (Postkarte)
32. Stephanie Stutz: Expedition Perm. Digitale Habitatanimation eines Perm-Waldes, 2012, Zürcher Hochschule der Künste
33. Chloroplast einer höheren Pflanze, ca. 60.000-fach vergrößert aus SomoPlast®. Nach Prof. Dr. Weber. (Foto: gemeinfrei)
34. Fäulnis bei der Köstlichen von Charneu, Arnoldi-Modell, (aus: NIEDERSÄCHSISCHES LANDESMUSEUM 2012)
35. Leopold und Rudolph Blaschka: Glasmodell der Seerose (Nymphea odorata), Glasmodell Cambridge/Mass., Harvard Botanical Museum, Inv.-Nr. 730/731, (aus: GROTZ 2015, S. 13)
36. Zerlegbares Blütenmodell der Glockenblume (Campanula rotundifolia) im

Maßstab 12:1, 1. H. 20. Jh., Papiermaché, bemalt, auf Holzfuß von der Fa. Osterloh, Nr. 103, das als Modellgattung zur Untersuchung der speziellen Stammesgeschichte und historischen Biogeographie am Botanischen Museum Berlin dient. Berlin, Lehrsammlung, Museum für Naturkunde (aus: GROTZ 2015, S. 137)

37. Leopold Blaschka bei der Arbeit. Figurine, Museum d'histoire naturelle de Genéve (Foto: gemeinfrei)
38. Rudolf (stehend), Caroline und Leopold Blaschka im Garten ihrer Dresdner Wohnung. Altes Foto, Harvard University. Herbaria and Botany Libraries (Foto: public domain)
39. Büste von Aristoteles. Marmor. Römische Kopie nach dem griechischen Bronze-Original von Lysippos, um 330 vor Chr. Rom, Palazzo Altemps, Der Alabaster-Mantel ist eine moderne Ergänzung. (Foto: gemeinfrei)
40. Giuseppe Zocchi nach F. Allegrini: Bildnis des Botanikers Andrea Cesalpino, 1765, Kupferstich (Foto: gemeinfrei)
41. Unbekannter Künstler: Bildnis Joachim Jungius, Öl/Lw., (Foto: gemeinfrei)
42. Alexander Roslin (1718–1793): Bildnis Carl von Linné, 1775, Öl/Lw., 56 x 46 cm, Stockholm, Nationalmuseum (Foto: gemeinfrei)
43. Unbekannter Künstler: Porträt des Augustin-Pyrame de Candolle (Foto: gemeinfrei)
44. Unbekannter Künstler: Jugendliches Porträt des Augustin-Pyrame de Candolle vor dem Botanischen Garten in Genf. (Foto: gemeinfrei)
45. C. F. Maillet nach einem Stich von J. S. Miller: Selbstporträt Johann Sebastian Miller, ca. 1787, Kupferstich (Foto: gemeinfrei)
46. Johann Rudolf Daeliker: Porträt Johannes Gessner, Öl/Lw., Zürich, Zentralbibliothek (Foto: gemeinfrei)
47. Löwenzahn (Syngesia Polygama Aequalis ?), aus: Johann Miller: Illustratio systematis sexualis linnaei per Johannem Miller, London 1777, Handkolorierte Radierung, Museum für Gestaltung Zürich, Grafiksammlung (Foto: ZHdK, Zürich)
48. Christian Gottlob Geißler (1729–1814): Classis XXIV Cryptogamia Verborgene. 4. Fungi. Schwämme, aus: Johannis Gessneri Tabulæ phytographycæ, analysis generum plantarum exhibentes. Turici [Zürich] 1795–1804
49. Augustin Heckel (1708–1770): Bildnis des Pflanzenmalers Georg Dionysius Ehret. Pinsel in Aquarellfarben über Bleigriffel, 332 x240 mm (Blatt), Hamburger Kunsthalle, Kupferstichkabinett, Inv.-Nr. 35773 (Foto: Christoph Irrgang)
50. Georg Dionysius Ehret (1708–1770): Clariss: Linnæi. M. D. Methodus plantarum Sexualis in Sistemate Naturæ descripta, aus: Carolus Linnaeus: Systema naturae. Lugduni Batavorum (Leiden) 1735
51. I. C. Keller: Das Universalmikroskop, seine Teile und seine Funktionsweise, 1790, Kolorierter Kupferstich, aus Wilhelm Friedrich von Gleichen-Russwurm: Mikroskopische Untersuchungen und Beobachtungen. Nürnberg 1790
52. Carlo Cignani (1628–1719): Bildnis Marcello Malpighi, Öl/Lw., (Standort unbekannt, (Foto: gemeinfrei)
53. Robert White (1645–1703): Porträt von Nehemiah Grew, Kupferstich (Foto: gemeinfrei)
54. Nehemia Grew (1641–1712): Histologischer Bau eines Laubholz-Zweiges in räumlicher Darstellung, aus: Anatomy of Plants. London 1682

55. Robert Hooke (1635–1702): Mikroskopischer Quer- und Tangentialschnitt durch Flaschenkork, aus: Micrographia. London 1667, Taf. 1
56. Johann Christoph Keller (1737–1795) nach Wilhelm Friedrich von Gleichen-Russwurm (1717–1783): Fortpflanzungsorgane des Spinats (Spinachia oleracea), kolorierter Kupferstich, aus: Mikroskopische Untersuchungen und Beobachtungen. Nürnberg 1790, Taf. XXV.
57. Modell des mikroskopischen Feinbaus einer Pflanzenzelle nach W. Weber im Maßstab 3000:1, bemalter SomSoplast. Marcus Sommer SomSo Modelle BoS 16, 2015, Berlin, Museum, BGBM (aus: GROTZ 2015, S. 106)
58. Modell der Echten Kamille (Matricaria chamomila) mit Blütenstand im Maßstab 9:1, Zungenblüte (20:1), Röhrenblüte (80:1) nach Weber, aus bemaltem SomSoplast. Marcus Sommer SomSo Modelle BoS 15/6, 2010, Berlin, Didaktische Lehrsammlung, Instiut für Biologie, Freie Universität Berlin (aus: GROTZ 2015, S. 108)
59. Familienwappen von Wilhelm Friedrich Gleichen von Rußwurm, Schloss Greifenstein (Bonnland/Unterfranken) (Foto: gemeinfrei)
60. Luigi Calmei unter Anleitung von Giovan Battista Amici: Wachsmodell zum Befruchtungsvorgang beim Kürbis (curcubita pepo), 1839, Florenz, Museo di Storia Naturale dell' Universitá di Firenze (aus: GROTZ 2015, S. 143)
61. Carl Ignaz Leopold Kny: Rolltafel CXI: Orchidee (Maxillaria rufescens Lindl), Ende 19./Anfang 20. Jh., Farblithographie und Druck auf leinenverstärktem Papier: Hollerbaum und Schmidt, Berlin, erschienen im Parey Verlag, Berlin, Botanisches Institut der Ernst-Moritz-Arndt-Universität Greifswald, Lehrmittelsammlung Botanik (Foto: Autor)
62. J. McArdell nach T. Hudson: Porträt Stephen Hales, Mezzotinta (Foto: gemeinfrei)
63. S. Gribelin nach Stephen Hales (1677–17619: Versuchsaufbau über die Wasseraufnahme, den Wurzeldruck und den Saftstrom der Pflanzen, Kupferstich, aus: Vegetable Staticks. London 1727, p. 28
64. Unbekannter Künstler: Porträt Jan Ingenhousz, Kupferstich (Foto: gemeinfrei)
65. Porträtfoto Wilhelm Pfeffer, 1896, aus: Popular Science Monthly, Volume 50, (Foto: gemeinfrei)
66. Titanwurz (Amorphophallus titanium), Farblithographie aus: Karl Ludwig Blume (1796–1862): Rumphia, sive commentationes botanicae imprimis de plantis Indiae Orientalis, Volume 1, Impensis Auctoris Leiden 1835, Plate 35
67. Niklaus Heeb, Alessandro Holler, Jonas Christen: Titanwurz Amorphophallus titanium), Tangible Virtual Models, Zürcher Hochschule der Künste, Department Design, 2016
68. Tobias Stimmer: Porträt Conrad Gessner, 1564, Tempera/Lw., Schaffhausen, Museum zu Allerheiligen (Foto: gemeinfrei)
69. L. A. Schönberger, nach Alexander von Humboldt (1769–1859): Geographie des Plantes Équinoxiales, 1807, Kolorierter Kupferstich, aus: Alexander von Humboldt, Aimé Bonpland: Essai sur la géographie des plantes, Paris 1807
70. J. L. D. Coutant nach Alexander von Humboldt (1769–1859) und F. Marchais: Geographieæ plantarum lineamenta, (Vergleich zwischen den Vegetationsgürteln am Chimborazo, Montblanc und Sulitelma), 1815, Farbpunktstich aus: C. S. Kunth: Nova genera et species plantarum, vol. I, Paris 1815–1825 (Tafel ohne Nummer)

71. F. G. L. Greßler nach Alexander von Humboldt (1769–1859): Ueberblick über die von der heißen zur kalten Zone abnehmende Vegetation, kolorierter Kupferstich, aus: Friedrich Gustav Ludwig Greßler: Die Erde, ihr Kleid, ihre Rinde und ihr Inneres durch Karten und Zeichnungen zur Anschauung gebracht. Langensalza 1853
72. Pastowski et al.: Die Zerstörung des Regenwaldes auf dem Malaiischen Archipel durch Abholzung von 1950 bis 2020. Animierte Visualisierung des Szenarios einer ökologischen Katastrophe in Gestalt eines sich langsam zerstörenden Blattes. Diorama2007 (aus: GROTZ 2015, S. 127).
73. Alexander Postels: Erstes Bild von der marinen Benthos-Vegetation im Golf von Alaska, Farblithographie, 1840, aus: Alexander Postels, Franz Joseph Ruprecht: Illustrationes algarum. St. Petersburg 1840, Ausschnitt vom Frontispiz
74. Zdenek Burian: Der Steinkohlenurwald, ca. 1955, Öl/Lw., Brno, Naturhistorisches Museum, aus: BUSCHENDORF-OTTO/WOLFGRAMM/RADANDT 1959, Taf. III
75. Kleindiorama eines Sees in Brandenburg im Maßstab 1:10, 1960er Jahre, Botanisches Museum Berlin-Dahlem (Foto: C. Hillmann-Huber, BGBM; aus: LUDWIG/WEBER/ZAUZIG 2014, S. 176)
76. Ernst Haeckel: (1834–1919), Stammbaum des Pflanzenreichs, 1866, Lithographie (?), aus: Generelle Morphologie der Organismen, 2 Bände, Berlin 1866
77. Heinrich Füllmaurer (tätig um 1530/40): Porträt des Botanikers Leonhart Fuchs, 1541, Öl/Holz, Stuttgart, Landesmuseum Württemberg, Inv.-Nr. 1933-622 (Foto: public domain)

Bereits im Donatus-Verlag erschienene Titel von Gerd-Helge Vogel:

Christian Leberecht Vogel und die Welt Arkadiens

Christian Leberecht Vogel (1759-1816) gehört in Sachsen neben Adam Friedrich Oeser (1717-1799) zu den Hauptvertretern des empfindsamen Klassizismus. Vor allem als Maler von Kinderbildern erwarb sich Vogel einen guten Ruf. Im Dienste des Grafen Friedrich Magnus I. zu Solms-Wildenfels (1743-1801) prägte er von 1780 bis 1804 dank zahlreicher Aufträge durch die Standesherrschaften des Zwickauer Muldenlandes wesentlich das künstlerische und kulturelle Profil dieser Region. Dazu gehörte die durch Johann Joachim Winckelmann (1717-1768) angeregte intensive Auseinandersetzung mit der Kunst und Kultur der Antike, die in Vogels Historienmalerei zugleich als Projektionsfläche der humanistischen Ideale und Utopie des aufgeklärten Absolutismus diente und deren gesellschaftliches Wunschbild in einer nach Glückseligkeit durch Erziehung zur Tugend strebenden Gemeinschaft gipfelte. Dabei spielten die durch die antike Götterwelt verkörperten Menschheitsutopien vom Goldenen Zeitalter oder vom Saturnischen Reich eine wichtige Rolle für die Themenfindung des künstlerischen Raumprogramms auf Schloss Wildenfels.
Der Autor durchleuchtet in dieser Abhandlung die komplexen Verflechtungen zwischen Vogels Malerei und den an den Höfen der westsächsischen Standesherrschaften gepflegten geistigen Idealen im Zeitalter der Empfindsamkeit.

Erschienen im Donatus-Verlag 2017
ISBN 978-3-946710-05-9, 19,95 €

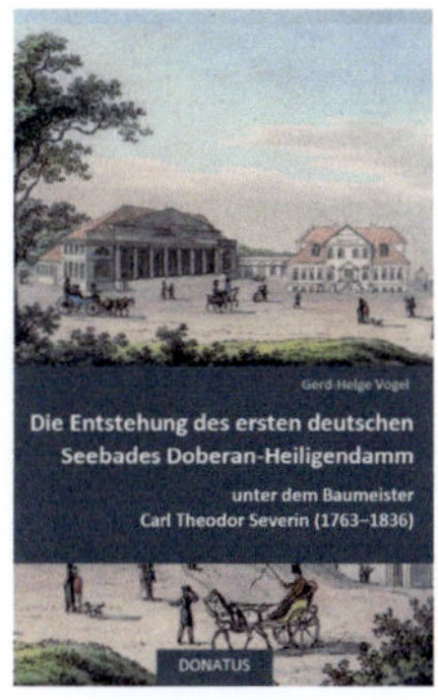

Die Entstehung des ersten deutschen Seebades Doberan-Heiligendamm unter dem Baumeister Carl Theodor Severin (1763–1836)

1793 begann eine neue Ära der Badekultur: Herzog Friedrich Franz I. (1756-1837) badete in Heiligendamm in der Ostsee und initiierte damit eine rasante Entwicklung und Begeisterung für das Baden im Meerwasser. In Doberan-Heiligendamm ließ er nach englischem Vorbild das erste deutsche Seebad errichten, dessen archi-

tektonische Gestaltung maßgeblich durch den Architekten Carl Theodor Severin (1763-1836) geprägt wurde.
Er schuf einen mondänen Badeort in klassizistischer Gestalt und bettete den Ort harmonisch in die Küstengegend ein. Mit seiner schlichten und edlen Architektursprache hinterließ Severin ein Gesamtkunstwerk, das bis heute nichts an Faszination verloren hat und beispielgebend für die Entwicklung von europäischen Badeorten wurde. Erstmals wird hier sein Wirken in den Mittelpunkt gestellt und sein architektonisches Gesamtschaffen umfassend gewürdigt.

Erschienen im Donatus-Verlag 2018
ISBN 978-3-946710-17-2, 19,95 €

CATHAI UND NIPPON IM GARTEN ODER AUF DER SUCHE NACH GLÜCK

Ostasien galt über viele Jahrhunderte als Projektionsfläche der europäischen Sehnsuchtskultur. Die Suche nach Glück ist eine der großen Triebkräfte des Menschen in seinem kulturellen Handeln. Aus der Misere der Gegenwart wird das Hoffen auf Besserung der Welt in einem Glücksverlangen oft auf ferne Zeiten und Räume projiziert. Mit der Kritik an der Wirklichkeit des Hier und Heute wird ein idealer Gegenentwurf geschaffen, der z. B. im Wunschbild „Wunderland Cathay" eine entsprechende Folie zur Verwirklichung in der Gartenkunst findet.
Beflügelnd wirkten dabei die zunehmenden Kenntnisse über die Welt Ostasiens, die seit den Zeiten Marco Polos über den Handel, Gesandtschaftsreisen und die Chinamissionen nach Europa gelangten und aufgrund der Berichte über weise Herrscher und luxuriöse Produkte die Länder China und Japan in den Augen der Europäer als Glücksländer erschienen ließen.
Vor diesem Hintergrund entwickelte sich mit dem Trianon de porcelaine am französischen Hofe Ludwig XIV. eine europäische Chinabegeisterung, die von 1670 bis ca. 1820 über drei Phasen hinweg anhielt.
Es entstanden in nahezu allen Gärten Europas Nachahmungen chinoiser Bauten, in denen sich das exotische Wunschbild eines fernen Glückslandes manifestierte. Dabei spielte Sachsen vor allem unter der Herrschaft Augusts des Starken in der Ausprägung der Chinamode eine entscheidende Rolle in Europa.

Erschienen im Donatus-Verlag 2019
ISBN 978-3-946710-31-8, 19,95 €